雨水园

英国布里斯托尔的阿兹台克商务公园，利用了池塘和自然式的植物配置来造景。不仅为人们提供富于趣味和变化的工作环境，同时，天鹅也在办公楼旁筑巢安家了。

小园林设计与技术译丛

雨水园

——园林景观设计中雨水资源的可持续利用与管理

［英］ 奈杰尔·邓尼特
安　迪·克莱登 著

周湛曦　孔晓强　译

中国建筑工业出版社

著作权合同登记图字：01-2009-7251 号

图书在版编目（CIP）数据

雨水园——园林景观设计中雨水资源的可持续利用与管理／（英）邓尼特，（英）克莱登著；周湛曦，孔晓强译 . —北京：中国建筑工业出版社，2011.9
（小园林设计与技术译丛）
ISBN 978-7-112-13396-3

Ⅰ . ①雨…　Ⅱ . ①邓…②克…③周…④孔…　Ⅲ . ①降雨－水资源利用－研究
②景观设计－研究　Ⅳ . ① P426.62 ② TU986.2

中国版本图书馆 CIP 数据核字（2011）第 152893 号

本书由 TIMBER PRESS 授权我社翻译、出版、发行本书中文版

责任编辑：戚琳琳　责任设计：陈　旭　责任校对：肖　剑　赵　颖

小园林设计与技术译丛
雨水园
——园林景观设计中雨水资源的可持续利用与管理
[英]　奈杰尔·邓尼特　著
　　　安　迪·克莱登
　　　周湛曦　孔晓强　译
＊
中国建筑工业出版社出版、发行（北京西郊百万庄）
各地新华书店、建筑书店经销
北京嘉泰利德公司制版
北京盛通印刷股份有限公司印刷
＊
开本：889×1194毫米　1/16　印张：11¾　字数：310千字
2013年6月第一版　2013年6月第一次印刷
定价：98.00元
ISBN 978-7-112-13396-3
　　　　（21116）

目录

致谢

此书的灵感来自于俄勒冈州波特兰市的雨水协调员汤姆·利普顿先生。汤姆不辞辛苦地致力于倡导健康城市规划过程中自然优先的原则，并体现在他在波特兰的工作上。他实现了环境的功能并在某种程度上是富有创意和美观的。这也是本书的理念。

我们同样要感谢对本书作出巨大贡献的人们，特别是提供图片和建议的同仁。要特别感谢艾琳·米德尔顿，他为我们提供了已建成的波特兰城市雨水工程的图片和细节资料；当然还有伦敦草坪屋顶公司的约翰·利特尔；感谢 Crossing 牧场的沃恩·沃斯科维奇和维姬·兰尼准许我们使用环境敏感型的居住社区工程的照片。

最后，我们还想感谢 Timber 出版社的编辑安娜·曼福德，感谢她在本书的完成过程中的全力支持，感谢 Timber 出版社的友好。

前言

当世界上很多地区的水资源供应不再有保障时，人们对于水的需求也戏剧性地与日俱增。哪怕是在编写这本书的相对较短的时间里，媒体对于全球变暖和日益严重的夏季干旱的关注也在逐步升级。目前，软管禁令在英国已屡见不鲜。在异常干旱的夏季，伦敦城市的饮用水供应甚至来源于街道竖管。"雨水园"的概念意味着人类对于雨水处理理念的根本性转变。对于雨水的收集和利用不仅显著地减少了人们对于处理过的水的需求量，也促使我们反思如何设计和经营公共或私人的开放空间才能真正提升它们的环境质量和美学价值。

本书探究了很多不同的方法将雨水从建筑表面收集、贮存起来，然后在园林景观中充分地利用。技术的细节解释了不同的设计要素如何构建，而来自美国和北欧的实践案例也证实了这一概念如何被广泛应用于房地产、学校、公园、城市广场和私人花园等领域。这些案例的最大特点就是强调了植物种植设计的重要性。雨水园的概念使得设计者和植物工作者在环境景观设计中扮演着更加重要的角色。这样既提高了环境的观赏性，又增加了环境效益和经济价值。

西班牙格拉纳达的赫内拉
里菲宫，囊括了伊甸园的
经典元素——水、林荫、
色彩和植物芳香。

导言

　　无水不成园。古老的中东文明时期，为愉悦身心而造园的理念发源，早在当时，水即是一种珍贵的资源。在最初的天堂乐园中总是描述灌溉的渠道为干燥的沙漠地带带来了生命，而旧约圣经所描述的伊甸园则是一片水草丰茂的美景。水对于人而言有很大的吸引力——纵观历史，水池、池塘、湖泊、溪流、喷泉等在花园中都是不可或缺的景观元素。如今，花园中水的存在不仅仅是为使用人群提供愉悦的环境，同时也吸引了大量的野生动物造访。如今我们又回到原点，水再次被看成是有限且不可预测的自然资源，在设计规划我们的花园和景观时成为关键环节。这样做不仅仅是为了美学和环境价值，还因为它的存在或缺失最终决定了什么是可能的。

　　我们对于水的认识也在逐渐改变：它不再是无限而廉价的，也不再完全被我们控制，而是具有一定的潜在破坏力，并且不再唾手可得、易于掌控。随着观念的改变，人们对待水的方式也随之改变——人们正在试图寻找一些方法，如何使我们身边环境中的水以自然的状态存在。这是一种积极而友好对待环境的方法，它控制了我们听说或经历的日益频繁的与水相关的问题。

规则式或自然式的池塘或水塘位于花园的中心，跨越了文化和时空。

它们是大课题。在一本以花园、景观设计和种植为主要内容的书中讨论这些似乎有些奇怪。当然，这些话题更适合工程师、经济学家和政客们来探讨，并且似乎与我们城镇大尺度的规划关系更为密切。好吧，某种程度上而言，是这样的。但是个人层面的小范围行为也是有影响的。在城镇用地中占据很高比例的居住小区，大多数都配备了大面积的绿化用地，总体而言会很大程度上影响我们对于水的需求，以及开发环境中水的利用方式。人们对于水的使用、贮存和供应方面的质疑，住宅小区的景观用水包括在其中。原来标准的园林用水管理体系越来越不适用，这在 20 世纪的后期表现得尤为明显。例如，在降雨正常的年份，美国西部地区住宅小区中，景观灌溉用水占小区全部用水量的 43%，而在多雨的东部地区这个数值也达到了惊人的 26%（泰勒，1982 年）。大多数的水都用在灌溉干旱地区的草坪上，甚至常常比实际需求量更多。

本书的目的是为了调查和解释如何仅用一些简单的技术就能在设计环境时实现完全不同的雨水管理方式。书中探讨的很多方法是景观设计师和建筑设计师提供的，他们设计了商业建筑、厂房、办公楼、城市公共广场以及住宅项目。我们会特

住宅区对于水的大量需求可能成为收集屋顶或其他不透水硬质表面的雨水的部分原因。

别强调一些优秀的设计并且指出如何在不同尺度的环境中加以利用。此外，我们坚定地认为，在设计环境时探寻一种新的利用水的方法，不仅仅意味着这是一个令人兴奋和满意、与众不同的设计，还能有效地将建筑（无论是私人住宅、商业建筑或学校）和周边的环境衔接起来。总而言之，我们的目的就是展示如何使水成为园林设计的基础——不仅仅是为了美观，还为了给影响我们的重要环境问题作出相应的贡献。

水敏感景观采取了一个对待周边环境水资源的新方法。这是德国一所新学校中的一口池塘，其中的水来自于屋顶、步道和土壤。修剪规整的草地也被野花草甸所替代。

德国〝2001 年波茨坦花园节〞设计了一片儿童活动区，为年龄大一些的儿童设置了一块规则的水池，其中有汀步、水上平台和码头。

第一部分
雨水园

引言

本书介绍了关于雨水园的新兴理念。自 20 世纪 80 年代末在美国马里兰州发源以来，随着庭院景观的发展，雨水园的概念迅速运用到发展最快的极具价值的领域。不同于其他的环保措施是以牺牲个人利益为代价，要求人们改变日常生活方式，得到的仅仅是科学效益和环境效益，雨水园不仅能使环境更加美观，还能带给人们大量的其他收益。

正像书中将要介绍的那样，技术上营建雨水园是非常具体详细的工作，即为了尽可能多地收集建筑以及周边绿地的过量雨水而设计一片栽植洼地。然而，我们感觉到这是一个具有启发性的话题，因此我们使用了范围很广的定义，用于收集、引导、转移以及利用雨雪水的一切要素都囊括其中。整个花园成为一个雨水园，我们利用的这些要素就是它的组成部分。因此，雨水园中包含了各种形式的水——动水和静水，地表水和地下水，以及利用这些水资源所形成的丰富的植被。

本书分成三个部分。第一部分主要概括了在造园过程中水所扮演的环境角色以及设计建造雨水园的主要原则。第二部分详细论述了雨水园的构成要素，以及如何使它们组合成一个和谐的整体。特别提出了"雨水链"的概念作为统一的要素。第三部分介绍了雨水园的主要植物种类。目前很多雨水园采用的是相当零碎的处理手法——只关注与结果相孤立的一两个特征——导致了整个景观的破碎。因此，我们试图探索更加令人满意的整体性的方法。谨以此书献给广大的造园师、景观设计师以及该领域的学生，还有那些具有强烈的环境责任感的富有激情的园艺师，以及在居住区建设、校园建设和商业区建设中探索创新性水资源管理方法的建筑设计师和城市规划师。

雨水园与旱生园艺的概念有所不同。旱生园艺适用于气候非常干旱的地区，譬如沙漠地带或者美国西南部干旱的地中海气候地区。这同样是一种生态的手法，利用抗旱或耐旱的植物来解决缺水地区的景观问题。而雨水园则最大化地利用了自然界中的雨水。这两种技术不是相互排斥的——它们是健康的环保实践，在减少干旱地区对于灌溉水的依赖的同时，采用景观设计的要素来处理暴雨所引发的山洪暴发。

水与可持续性景观

水使花园和景观进入我们的生活。这可以从不同的层面和含义进行解读。本书的理念是相对简单的建设却能获得最大的收益。无论是家庭花园、公园抑或大尺度的商业景观都应是可持续的。书中剩余的大部分则重点阐述了景观在减少洪水和污染问题时的作用，而水以其他多种方式为人和野生动物创造良好的生态环境。可持续性的景观常单纯地被定义为环境的可持续性。但是要做到真正的可持续（例如，在日后的维护和管理过程中不需要资源和能量的大量投入），它们必须被日常使用者们所接受。换句话说，如果某些事物很适合你家的花园，那么你的花园也许能为环境作出相应的贡献。但是如果你认为这些事物是不美观或不安全的，那么对你而言，它就失去了存在的价值。范围越窄可能性就越小，因此将注重生态的景观界定为多功能和多重效益，而不仅仅是单一的方面，是很有必要的。在从细节上定义狭义的雨水花园之前，我们首先考虑的是如何将雨水规划利用与效益最大化结合起来，以促使景观的可持续发展，并且以人为本和环境效益并重也是当仁不让的原则。

雨水园有利于野生动物的生存与生物多样性的形成

雨水园有利于植物种植，本书第二部分介绍的所有要素均以栽植为基础，并且，植物种类越丰富，对环境越有利。简单刈割的草坪亦有所用途，但是总的来说，单一的植被覆盖既不利于吸收多余的径流，对于水中污染物的净化作用也十分有限。这对于崇尚植物的人来说是个好消息。用自然的复层植物配置取代硬质铺装和人工草地不仅能减少人工维护，降低肥料、水和能量的投入，还能增加花园的野生生物栖息地价值。很多雨水园的倡导者都坚持使用乡土植物，当然从生态学意义上来说，乡土植物是最佳选择。但是，从雨水园建设的目的而言，乡土植物和外来物种在功能上是一致的。与常见的花园中单调的植物结构形成对比，第二部分所阐述的雨水园的特点是能提高花园的栖息地价值。雨水园由大量的多年生花卉和草本植物，以及散布的灌木丛构成——这是

使水展示在环境中还有辅助作用：能够形成丰富的自然植物群落和野生动物栖息地。

一种促进野生生物多样性的理想组合。

　　我们常认为花园中的野生动植物就是人们喜闻乐见的鸟儿和蝴蝶之类的，但真正的花园生物多样性绝大部分是我们看不到或者是不显眼的生物，如昆虫和无脊椎动物等，它们隐藏在植物下面或生存在土壤之中。那些大生物常常以我们看不见的小生物为食。雨水园对于生物多样性的营建特别有利。将多年生花卉或草本植物的茎保留下来越冬能为很多无脊椎动物提供温暖的"家"，同时还能为许多以种子为食的鸟类供应食物。丰富多样的开花植物特别能在夏末和秋季提供丰富的花蜜资源。

　　最有效的野生生物友好型景观模式是多种栖息地"拼图"

荷兰阿姆斯特尔芬雨水园的交错群落。种植了丰富植物种类的湿地也为野生动物的栖息提供了极大的可能性。

的形式：草地、湿地、林地、灌木丛等。雨水园即提供了这样的生态模式。在修整过的草坪上种植较高的草本植物，而这些草本植物又能与灌木丛边缘相互作用。"交错群落"即将野生生物的价值最大化——两种植被种类或生境的边界特别具有价值——能促使不同生境型的生物分享受限制的生存空间。特别是在南面向阳的交错群落，这种价值达到了顶峰——温暖的气候促进植物开花结果，同时为昆虫和其他动物提供阳光。

　　池塘是一种最简单的生境，似乎无须外力，池塘就能拥有大量的水生动物和植物。因此，经过规划设计，在很小的空间中，丰富的水生生境也能被创造出来。

美国纽约中央公园。一处典型的景观草地成为人们在钢筋水泥建筑间的休息场地。人们本能地聚集在水边。岸边石块和大卵石引导人们更加亲水，同时也成为人们在岸边的坐憩设施。

雨水园能提供感官的愉悦

有一种理论认为，人的亲水性是人类作为 个物种长期进化的结果。人类是从远古时期的类人猿进化而来的，它们在非洲沿湖和沿海过着半水生的生活，以捕鱼、狩猎和采野果为生。因此，人类沿袭了亲水的本能。无论原因如何，可以肯定的是，如果公园或花园中有湖、池塘、小溪、喷泉或其他形态的水体，游人特别是儿童会马上被其吸引自觉前往。

我们中的大多数人生活在大都市或城镇，与水接触的机会仅限于公园的池塘或广场的喷泉等。在这些城市环境中，水体仍被认为是难以控制和维护的隐患。但颇具讽刺意味的是，人们又常常伴水而居，饮水、清洗、饲养家禽和运输等都需要水。19世纪欧洲城市的迅速扩张则改变了这种关系。19世纪中后期，随着城市居住人口的增加，受毁灭性的霍乱和斑疹伤寒症迅速蔓延的影响，人们发明了"饮用水与污水集中处理系统"（肯尼迪，1997 年：53）。或许是缺乏相应的意识，许多城市忽视了水这一重要的生命源泉。工业城市将河流、小溪填埋成发展用地；下水道设施管网系统将郊外的水引入城市，河流则成为城市的排污渠道——新的发展使得河流从城市中消失。近几年来，随着城市中心的重建、河水水质的提高、城市棕色地带的重新发展，水再次成为丰富城市生活的宝贵资源。

雨水园是游戏的好场所

在设计中运用水能将人们的生活融入到景观之中。在美国新英格兰地区的一个小城镇所作的儿童对于自然环境的态度调查显示，最受儿童喜爱的环境是沙地（或泥土）、小型池塘浅滩或者小溪（哈特，1979 年）。雨水园为设计者提供了一个全新的契机，对于雨水的收集、输送、贮存和利用不仅仅是一种环保层次的可持续性设计，更应该为各个年龄层次的儿童提供具有乐趣性和参与性的玩耍环境。

在很多城市的改造方案中，新颖的水体形式的大量使用证实了水能丰富人们对于环境的感受和体验。最近 10 年中，英国无论是非工业城市或后工业城市中公共场所的设计和重建均十分注重水体的应用。在一些重建方案中，利用水体特别是喷泉形式的水形成景观的中心和高潮，成为一种设计模式和原则。

在谢菲尔德，当地的设计团队将水体作为连接一系列城市广场的桥梁，同时作为连接丰富的城市工业遗产的纽带。方案受到公众的欢迎，特别是青少年儿童，他们已经将这些市民广场当做全新的戏水场所。作为城市核心的重点工程，和平公园

孩子们热衷于各种形式的水。

穿梭于架设在湿地上的木栈道也是一件令人兴奋的事情。在某种程度上水比其他的园林构成元素能更好地引起互动。

（阿里·科斯特拍摄）

项目证实水的使用不仅能增强设计的文化性，同时能创造多种玩耍的方式，有些甚至是设计团队都预料不到的。水的应用形式丰富，包括瀑布、跌水、溪流、喷泉等。水能将其他的设计元素连接成一个和谐的整体，同时也为公众的交际和玩耍提供了平台。

这个案例阐明了关于水和娱乐的一些观点。第一，与单纯地在安全距离之外观赏相比，身体力行地亲近水对游人更具有吸引力。可惜的是，研究表明在城市中儿童嬉水的机会是非常有限的。在针对英国三个城市地区所作的调查中，罗宾·摩尔（1986 年）指出："就水对儿童具有的吸引力而言，三个地

案例：和平公园，谢菲尔德，英国

和平公园于 2000 年对公众开放。它是城市重建总体规划工程——"城市核心"的第一阶段项目。公园设计的理念来源于城市利用河水来提供动力，并将城市工业遗产与文化相结合——人们对河流和峡谷进行改造以控制水的流向，将其贮存并通过释放获取能量。为提高水位而修筑堰坝，并且通过石头围砌的渠道将水引入贮水池。贮水池就像一个巨大的蓄电池，在干旱时节能逐步释放其所蓄藏的水源——这些过程都能在和平公园中与中央喷泉相连通的跌水和溪流中得到映射。溪流的游嬉价值也超出了设计团队的预期。设计者原本预想的是孩子们会在连接跌水和喷泉的水渠里随性地放纸船。没想到的是，在 2000 年那个异常炎热的夏季，人们带着野餐、浴巾和泳衣来到公园。孩子们或在喷泉附近嬉戏玩耍，或干脆仰面躺在溪流中仅仅只将脸露出水面。公园如此受欢迎，以至于当地政府不得不投入更多的资金来保证儿童在穿越马路到附近商店购物时的安全。

英国谢菲尔德的和平公园。与中心喷泉相连的水渠底部用瓷砖拼贴出植物的图案，使人联想到城市发源的河流和水的力量。

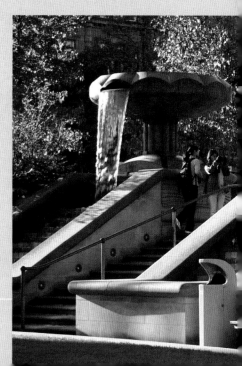

英国谢菲尔德的和平公园。水流像是从大熔炉中流出的钢液——象征着城市工业的过去和现在。

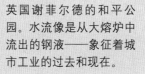

区的调查结果中提及水体的比率较低说明城市中缺乏与水有关的娱乐活动……"。即便是已有的室外游泳池、嬉水浅池、河流和池塘，很多场所也被搁置了，因为当地政府缩减维护成本或害怕承担事故责任而限制游人靠近。海德公园中为纪念威尔士王妃戴安娜而建造的喷泉在开放两周后就关闭了，因为三名游客在石头铺砌的环形水道中滑倒并被送往医院接受治疗。设计者原本期望通过这个设计反映戴安娜的气质和一生，水流在花岗石制造的椭圆圈上面依据地势的不同，以不同的速度奔流。在水渠的尽头是一个直径大约为210m的圆形水池。池水很浅，可供儿童嬉戏。遗憾的是，目前在喷泉四处走动或跑步是被禁止的，人们只能隔着栅栏享受轻松、追忆往事了。

德国柏林的城墙公园，太阳能雕塑中的硒电池。雨水通过公园中的一系列渠道导流至一个嬉水池。即使干旱的时候，石头汀步和卵石沙滩仍会使这块场地充满乐趣。

第二，谢菲尔德和平公园既为游客创造了戏水的场所，又能将水体设计与地方认同和文化意义相结合。这种方法既能鼓励人们探索更加新颖的方式利用水体，又能激发更多的娱乐活动。

当水的供应不再有保障，而水的处理也不仅仅是将其通过排水管倾泻而出时，人们必须思考如何管理水资源。对我们而言，雨水收集提供了将水资源重新带回地表的可能。而就其本身而言，它用我们期待的方式推动了景观的发展。因此，我们要建立一个雨水收集、输送、贮存和利用的系统，而该系统同时又能满足人们娱乐的需要。在这个简单的系统中还应安装一个人为控制装置，以便于儿童在游玩时能控制何时将贮存的水

德国一个小镇的主街上，一片船
形的游戏区域。一条自然的溪流
分流萦绕在船周围，使之看起来
像水中的一片岛屿。丰富的植物
栽植也加强了人们的体验。

释放以注满水池、浇灌花园或注入沙池和小河。如果在系统中结合手动或光能、风能趋动的水泵便能促进水体的循环。的确，各种形式水泵的加入为景观增加了一个额外的元素。而在往常，这些戏水装置仅仅只能通过电力带动。如果没有水泵，水体只有在大雨时（非最佳游嬉环境）或从贮存设备中释放时（仅有限的部分可供利用）才能流动。水泵能确保水体重复循环利用。

当然，嬉水也有其严肃的一面，这也是我们花大量的时间专注于此的原因。将雨水收集和儿童控制贮存雨水的释放与利用相结合，孩子们在这个过程中即有可能体会到有限且珍贵的水资源的潜在价值。因为如果孩子们认为清洁的水资源是源源不断的，那他们也不会领会到水资源的珍贵与短缺，并且，嬉水不是儿童的专利，大多数成年人也热衷于此。

水与安全

在进行水与娱乐相结合的实例调查之前，更重要的工作是讨论一些与儿童安全相关的热点。

首先，水对儿童的安全和健康造成的真正的威胁是什么？2002 年英国有 427 人溺水而亡（英国皇家事故预防学会，2002 年）。统计显示，河流和溪流是最危险的地方，将近 40% 的溺水事故发生在此。而只有 3% 的溺水事故发生在花园的池塘中。尽管任何生命的消逝都是令人深深惋惜的，人们还是将这些数值与其他的伤亡威胁相比较。同年，英国因公路交通事故死亡人数为 3431 人，如果包括严重受伤的人在内，这个数值剧增至 40000（英国交通部，2005 年）。据英国贸易与工业部（DTI）的统计信息显示，1992 ~ 1999 年间，平均每年有 8 名 5 岁及其以下的儿童在公园池塘中溺水而亡，这些人中有

坐落于荷兰阿姆斯特丹市郊的庇基莫米尔是一个大型的居住区，建造于 20 世纪 60 年代。图中展示的是一个设置有沙滩驳岸的大水池，还有绳索穿越水面。在如今备受争议的气候条件下，提供水供人们玩耍的设计可能将不再被人们接受，该设计可能是令人振奋的，但它同时也存在易受人为破坏的缺点。草坪被践踏，甚至可能更糟糕的是，吸毒者丢弃的皮下注射器可能会藏匿在沙中。除非沙池被保护起来或每天进行严格的清理，否则它就不再是可以在公共休闲场所使用的安全要素。然而，这并不意味着水就不能以别出心裁的方式利用起来。

德国杜塞尔多夫的一个公共公园。公园安装了定制的游戏器械，为使用者们创造了游戏和学习的机会。这个设计还展示了不同文明时期，人们是如何将水从低处运输到高处的，以及这其中的物理效应。其中包含了一座水车、一个阿基米德式螺旋水斗和一个固定在枢轴上的大型长柄勺。这个设计同样富有玩耍的趣味。木块连成的链条将水层层堵塞蓄积，也将水导流至不同的水渠。

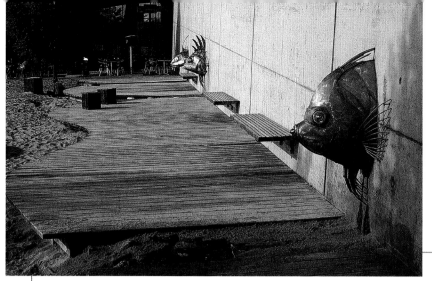

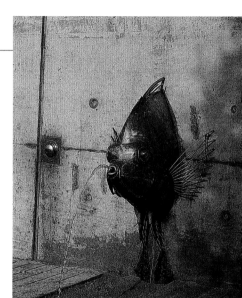

德国 2001 年波茨坦花园节包含有一片儿童活动区，其中不仅有传统的游戏器械，还特别为各个年龄层次的儿童设计了嬉水区。为年龄大一些的儿童设置了一块规则的水池，其中有汀步、水上平台和码头(见第 12 页)。对于年龄较小的儿童，则将雕塑、沙池和水融合在一起。从混凝土挡土墙中伸出了一只不锈钢制的鱼头雕塑。只要按下墙上的按钮，就会有一股水流从鱼嘴喷出，流进一个大沙池。而湿润的沙子也创造了许多玩耍的乐趣，孩子们可以像在海边的沙滩上一样堆砌各式各样的沙雕。这块场地非常受欢迎，家长们既可以在游戏场中间的咖啡吧中监护玩耍的孩子，也可以在游戏场周边的坐凳上休息。基于对于成人和孩子周到的考虑，这个设计是安全而受欢迎的。

85% 是 1 ~ 2 岁的婴幼儿。在同样的时期内，因公路交通事故死亡的 0 ~ 4 岁、5 ~ 7 岁的儿童分别为 321 人和 466 人。信息进一步显示男孩远比女孩脆弱，所有儿童死亡案例中有 80% 处在 5 岁及其以下年龄层次。值得注意的是，花园溺水死亡的案例统计中，只有 18% 发生在自家花园，却分别有 39% 和 29% 的儿童在未经邀请的情况下，溺水于邻居或亲戚家的花园。我们总是试图保护孩子们，让他们远离危险，但这样可能会使他们在面对从未面临的危险时变得更加脆弱。

其他一些北欧国家，比如荷兰、德国等，似乎出台了更加宽松自由的政策以保证人们在公共场合能亲水、嬉水。然而，如果我们在花园中设计池塘，无疑又增加了对于儿童的潜在危险。因此，在下面的章节中我们将论述，如何通过精心的设计将威胁最小化。

安全与疾病

人们担忧家庭花园中的一汪静水会为虫害和病害的发生提供有利的环境。可以想象，花园中的雨水收集装置为蚊虫的滋生创造了条件。可是，除了池塘以外，本书中所介绍的所有形式的水体只是起到在地表临时贮水的作用，时间或许是几小时或几天，随后，贮存水会通过渗透回到地下。这样一来，就没有足够的时间允许蚊虫群落繁殖了。

然而更令人担忧的是，收集的雨水可能会积累一些有害物质，而这些会对嬉水的儿童造成不利的影响。因此，必须拿出明智的预防措施。儿童玩耍时接触的水必须来自清洁、无污染的水源。当然，通过带有密封盖的雨水桶收集的屋顶雨水是适宜的，反之，如果直接利用房屋前院停车坪的地表雨水就不合适了。不过，我们可以通过植被来过滤和净化水体，还可以在种植区域内利用水泵促进水循环。本书稍后介绍的游泳池就是最好的例证，该游泳池以收集的雨水作为水源，并且通过湿生植物净化水体，确保泳池水质清洁。因此，如果收集的雨水要供人们嬉水或儿童玩耍的话，要尽可能地通过湿生植物种植区域进行净化循环。毫无疑问，所谓的灰水和黑水（洗盥污水和厕所污水等家庭废水）是绝对不能作为嬉水水源的。

在炎热的环境中，植物能使环境凉爽。

西班牙格拉纳达的赫内拉里菲宫的水池和喷泉。不仅能在炎热的气候下使空气湿润凉爽，也能带给人清凉的视觉感受。

案例：佩里公园，纽约，美国

佩里公园于 1967 年完工，是袖珍公园的典型代表。它位于高楼林立的纽约市中心曼哈顿的一栋摩天大楼旁边。园内最富吸引力的景观还要数"哗哗"作响的一堵 6m 高的水幕墙，它的动感和声响令小园顿添生机，既隔离了城市的喧嚣，又保持了公园的闲适和私密性。同时，流水跌落产生的水花的蒸发也使园内空气更加凉爽。夏日，公园中有充足的树荫供人纳凉，而冬季人们则可以享受穿越树枝的阳光。四周墙面的常春藤通过减少石墙或砖墙的反射热而加强了对于环境的降温效果。

隔离了城市的喧嚣的水幕墙。从街道观赏公园。

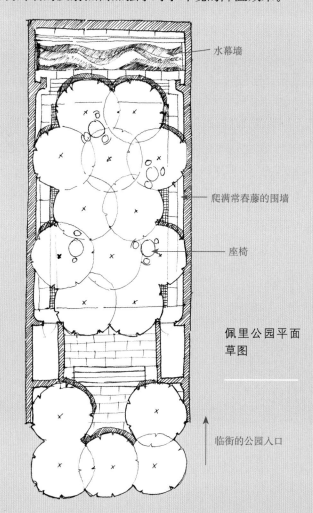

水幕墙

爬满常春藤的围墙

座椅

佩里公园平面草图

临街的公园入口

雨水园有利于园林小气候

雨水园能够通过多种方式改善园林小气候。最起码在夏季，植被覆盖的绿地环境比硬质铺装的环境更加凉爽。硬质铺装在日照下吸收大量热能，并在夜间产生辐射热，使空气温度上升，并且浅色的地表会反射白天的热辐射。绿地在降低环境温度方面是最有效的。园林植物不仅能遮阴，而且能吸收太阳辐射，且所吸收的辐射能量又有大部分用于植物蒸腾耗热和在光合作用中转化为化学能，用于增加环境温度的热量大大减少。绿地中的园林植物，通过蒸腾作用，不断地从环境中吸收热量，降低环境空气的温度。

绿地改善小气候的特点在屋顶绿化（第二部分中详细论述）中得到实践。通过屋顶地表植物的蒸腾作用，热量散发，屋顶下的房屋也就更加清凉。

最后，简洁的环境、水流的声音也能在极度炎热的夏日带给人清爽的享受。

水与气候变化

具有讽刺意味的是，随着全球变暖已成为普遍接受的事实，人们一直认为气候变化导致的主要问题是温度升高。然而事实上，全球变暖的主要影响是世界范围内水资源的改变。气候模式的变化不仅仅会导致低雨量地区以及由于严重干旱而无法满足人们基本温饱需要的地区范围的扩大，同时具有毁灭性的暴风雨及与其相关的大范围的洪灾和污染的发生频率也在增加，随之发生的是不断上升的海平面吞噬人们的居住地。简而言之，水太多或太少都是问题。而这两个问题可能在同一个地方发生。比如，过去 10 年间，西欧很多国家在经历了夏日的炎热干旱之后，又在同年遭受持久的洪灾。过去我们似乎常免于遭受自然灾害，常常因为它们发生在"别的地方"，或因为科技手段能够保护一些较富裕的地区免受严重的资源短缺之苦。将来的情况也许不再如此，可能我们将逐渐感受其对于我们的生活方式，使用及管理园林景观的方法等方面的影响。

这样看来似乎前景不容乐观，但是我们可以通过景观的规划、设计以及管理以持续有效地解决与水相关的环境问题。并且，这不仅仅是政治家，相关政府工作人员以及城市规划者的责任，个人层面小范围的行为也会对环境有影响。在居住区当中，园林空间占有很大的比例。这也意味着，在业已成熟的城市环境中，居住区能共同影响水资源的合理利用。

水循环

在公园或已建成的景观中，我们常将水作为单一的元素来利用——可怕的"水景"一词让人觉得它是一个孤立的成分。然而，事实上所有的水都是一个较大系统的一部分。每个学童都熟知自然界中的水循环。海洋水体被蒸发后进入大气形成水汽，其中一部分水汽随着气流运行，被输送到陆地上空以雨、雪、冰雹等形式降落到地面。降落到陆地上的水一部分形成地表径流，一部分渗入地下，形成地下径流。二者经过江河汇集，最后又回到海洋。还有一部分则通过蒸发回到空气中［通常占降水总量的一半（弗格森，2002 年）］。这种大规模的循环过程

降水

蒸发

没有人类的介入和干预，是大自然中完美而平衡的系统。

　　事实上，水循环在任何尺度的场地中都可以进行。无论是私家花园、街道、城市或国家，均可看做是水分进出的区域。每个区域都是一个整体，水源输入、输出途径以及干扰因素均有所不同。如果要比较在如森林、草地等自然区域中的水的"行为"与城镇等已开发地区的有何区别，很显然人类的经济增长和发展活动显著地改变了水流的模式。

　　人类建设发展造成的主要影响是自然界水循环的"短路"。降落在建筑或地表的雨水迅速通过排水管导流进入河流或大型自来水处理中心。而自然界中渗透进入地下层以及蒸腾回到空气的过程均减少或消失了，结果就是大暴雨所形成

水循环过程。水从海洋、湖泊、大地和植物中蒸发形成云，随后又通过降水回到大地。一些水进入地下蓄水层或被植物吸收或回到海洋和湖泊，开始下一轮的水循环。

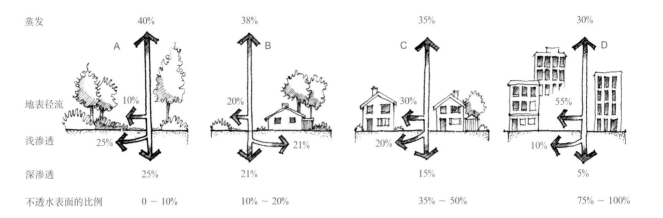

	A	B	C	D
蒸发	40%	38%	35%	30%
地表径流	10%	20%	30%	55%
浅渗透	25%	21%	20%	10%
深渗透	25%	21%	15%	5%
不透水表面的比例	0～10%	10%～20%	35%～50%	75%～100%

雨水平衡。随着建筑物的增高（A～D）以及相关不透水表面的增多，雨水的渗透量在减少而地表径流增多。图中显示的是随着不透水表面积的变化，雨水循环的不同途径的比例。

（改编自：FISRWG，1998 年）

的大量积水造成洪涝灾害。我们建设房屋、领域和城市的一些方法会导致这样的问题：

● **"密封"地面占主导**。密封地面是指在下伏土层上铺设不渗水层，以防止雨水下渗。这种形式的地表界面在我们身边随处可见：房屋屋顶、公路地表、街道的人行步道、停车场、公园的小径和露台等。密封的硬质界面占主导的主要影响是，雨水不能及时下渗，而是通过排水系统迅速排出地表，这样一来增加了暴雨时洪水暴涨的危险。在以硬质地表界面为主的开发区中水的径流量是以植物覆盖为主的地表界面的两到三倍（《芝加哥》，2003 年）。高流量的地表径流会导致地表的侵蚀和破坏。不渗水的地表不仅会将雨水大量地汇集至某个区域，而且会阻止雨水的自然渗透、蒸发与净化，从而减少了地下水的补给。

● **缺乏植被覆盖**。由于阻断了地表与下伏土层的联系，因此密封的硬质界面缺乏植被覆盖。而植被在水循环方面发挥了重要的作用。植物树冠的遮挡能减少雨水对地面的冲刷，

土地利用	径流系数
高密度住宅区	0.7 ~ 0.9
中等密度住宅区	0.5 ~ 0.7
配备大量绿地的低密度住宅区	0.2 ~ 0.3
运动场	0.1 ~ 0.3
公园	0.0 ~ 0.1

城市不同用地的径流特点。径流系数说明在降水量中有多少水变成了径流。

（采自：Meiss，1979 年）

一部分被叶片阻截的雨水通过蒸发回到大气中，绝大多数则落到地面。然而，大雨时通过叶片阻截，到达地面的雨水流量减少，流速降低，从而减少了洪水泛滥的危险。植物利用根部直接吸收水分，并且通过蒸腾作用（水分从植物根部到叶片，然后以水蒸气状态散失到大气中的过程）释放一部分水分，剩余的水分则贮藏在植物组织当中。

● **排水基础设施。** 城市排水管网系统能有效地将过量的雨水排出，从而避免了局部的洪灾和内涝。但随之而来的问题是排水系统无法应付严重的暴雨过后巨大而集中的雨水。较陈旧的排水系统不仅要泄洪，还要排污——即雨污合流下水道。通常情况下，这没有问题。但是当降暴雨时，混杂的水漫过污水处理厂，将导致未经处理的原污水流进江河与溪流。

● **流经硬质地表的水** 带有大量的污染物，例如机动车泄露的油和其他泄漏物、动物的排泄物、泥土、灰尘、重金属、细菌等其他污染物。污染物含量是一个格外值得关注的问题，因为这些水通过管道直接排入江河湖海。有毒的物质不利于水生生物生长，并且营养物质（特别是氮和磷）大量进入湖泊、河口、海湾等缓流水体，引起藻类及其他浮游生物迅速繁殖，水体溶解氧量下降，水质恶化，鱼类及其他生物因缺氧大量死亡。

总之，当暴雨来袭时，我们常面临洪水泛滥。相反，当降水量较少时，蓄水量又无法满足人们的需求。在低雨量时期，由于水被排走以及较低的地下水位，城镇河流水流量很小；城市会面临水资源短缺以及水生生态系统和栖息地危机(弗格森，2002 年)。我们常用"眼不见为净"的方式来处理这个问题：对于西方社会而言，水被看做是一种廉价而可任意使用的资源。清洁的水通过管网才从一些偏远而美丽的地方输送到我们的房屋和工作场所，一旦使用或污染后，又会不被察觉地排放到人们从不会造访的地方。

即便是在小范围的家庭区域，我们也无法摆脱这种想法。雨水汇集的沼泽地被排干，以便这些地区被更好地开发利用。反之，在低降雨量或缺水地区，大量经费投入进行灌溉以使植物生长繁茂，从中获取所需。人们使用大量的有机物以增加土壤的保水能力，但同时土壤的性状也被人为地改变了。看似小而孤立的个人行为会迅速积累造成大范围的影响。例如，人们已普遍认识到，佛罗里达州不断抽取地下水进行灌溉，不仅严重地耗竭了储水量，还引起肥料的淋失以及残留农药对于当地水资源的污染。现在英国城市中流行在前花园铺设停车场地，这样一来会造成硬质铺地面积的扩大，雨水无法渗透只能排向附近街道，从而导致城市洪水问题。

需要过度灌溉加以维持的绿地需要考虑环境成本。

　　就私家花园或庭院层面而言，与自然相违背是要付出昂贵的代价的。并且，一旦开始就很难停下来，因为我们的景观越来越依赖这种人为的持续供给。然而，就城市和地区层面而言，传统的解决洪涝和干旱问题的工程手段耗费越来越大，几乎超出了政府所能承担的范围，金额达到百万甚至千万英镑或美元。维持这些设施运转已成为一个持续的财政负担（考夫曼，2002年）。事实证明，这不能真正解决问题。越来越大的污水管道将多余的雨水从已建成的开发区中排除；越来越高的防汛堤建成用以抵御日渐频繁的洪涝灾害；改造后的河岸和渠道使河流封闭，以控制水的泛滥——这些以混凝土为基础的方法最好的结果不过是延迟了主要灾害的爆发，最坏的结果则是将问题推给了下游的其他地区。

　　尽管如此，这并不是不可改变的。在最近的20年间，一种完全不同的方法普遍应用：试图恢复自然界的水循环，并且珍视景观当中的水。这是一种顺应自然的方法，而不是与自然相抗衡。"低影响设计"、"可持续的城市排水系统"、"水敏感设计"——这些方法的特点归纳为，尽可能地使景观当中水的存在和运动是可见的。

建造溪流和河流的堤岸以控制雨水径流不仅仅成本过高，还会导致景观的人工成分过重。

因为本书介绍的解决方案是解决不可渗透性的地面（也就是屋顶和路面）所带来的影响，所以我们建议将植被作为工作的核心。所有景观要素的共同特点是包含土壤、水和植被；通常非常靠近建筑物；不仅为了实现环境效益，还为了达到更好的视觉效果和生态效益；它们为整体研究景观设计提供了依据。虽然这些方法主要在大规模的项目中应用，例如居住区、高速公路、商业和办公大楼等，水敏感设计的原理为私家庭院的设计提供了具有启发性的依据。

生物滞留池

低影响设计的基础是生物滞留池的概念。生物滞留池是一种以地面为基础的实践方法。它利用植物、细菌和土壤的化学性质、生物特性和物理特点来控制景观中水的总量和质量（考夫曼和 Winogradoff，2002 年）。生物滞留池大范围的应用使其发展到可以应用于整个公园——这在本书的主体部分将详细论述。虽然目的是管理水资源，但是园林景观中生物滞留池的应用带来了保护生态环境的设计理念的所有益处。将植物、水和土壤带入建设开发区还有以下优点：

● **环境效益**，例如增长的野生生物价值，减少的能源消耗和污染，因为大气污染被植物的叶片和土壤所吸收。而植物的遮阴也能创造更加舒适的小气候。

● **提升**场地的地域性和地方特点，通过场地地形和排水的设计以及乡土植物的使用。

● **周围环境**更具视觉欣赏性也更具活力。

● **激发**环境工作者和社团的荣誉感。

● **维护**成本降低。

　　也许还有一个好处就是当我们把水资源管理放在首要位置时，我们就不会因为贪图便利而大面积使用铺装和柏油路面了（利普顿，2002 年）。

英国布里斯托尔阿芝特克商务公园。利用池塘和自然配置的植物群落来造景。

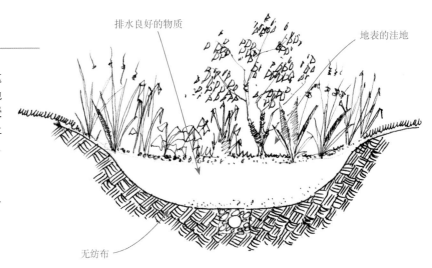

生物滞留池的一般原理。这是不同形状和规模的浅洼地的典型组成部分。它能接受地表径流并将之渗透进入土壤。如果自然土壤不能渗透，则可用沙砾土壤替代。

（改编自：考夫曼和 Winogradoff，2002 年）

排水良好的物质

地表的洼地

无纺布

生物滞留池如何运作？

生物滞留池使用一个简单的模型使径流得以渗透、过滤、贮存并被植物吸收（考夫曼和 Winogradoff，2002 年）。所有功能和设施的运作机制是相同的——通过人工强化的基质与植物系统对径流雨水进行截污收集或下渗。一旦土壤含水饱和，雨水溢出滞留池表面，随着时间的推移，雨水继续渗透回到土壤或被排走。

控制雨水量

水敏感设计的主要目的是控制或减少过量径流的流失——这样一来，雨水中所携带的污染物仍随着雨水保持在原来的区域。

● **截获**：通过植物的叶片和根茎或土壤所截获收集的雨水或径流随后集中收集至生物滞留池中。

● **渗透**：雨水在土壤中下渗——这是生物滞留池的主要功能之一。

● **蒸发**：植物、土壤表面和池中的水通过蒸发回到空气中。生物滞留池的目的在于使浅池中水的蒸发量最大化。

● **蒸腾作用**：通过叶片蒸发到大气中的水分是植物在生长过程中吸收的。通常，植物所摄取的水分的绝大部分又回到了大气中。这两个过程统称为蒸腾作用。

控制雨水质量

　　土壤和植物对于污水的净化作用众所周知。自然湿地能有效、无偿地净化多种类型的水污染。包括有机物质例如动物粪便或原油泄漏等，无机物质包括有毒重金属或营养物质（如来自肥料或动物粪便），如果这些物质进入河流中，将会导致水体富营养化和藻类的生长。这个过程准确的机制还不明确，有可能是以下几个因素综合作用的结果：

● **沉淀物**：当水池具有生物滞留池的特点时，池中悬浮的固体和颗粒通过重力作用沉淀下来。

● **过滤**：径流在通过土壤和植物根系纤维时，过滤了水中的颗粒（例如微尘、土壤颗粒和其他碎片）。

● **同化作用**：植物把从外界环境中获取的营养物质转变成自身的组成物质，并且储存能量的变化过程。具有较高增长率的植物能特别有效而持久地临时储存矿物质营养，直到植物体凋零分解。植物同样能够吸收重金属污染物。通过植物的吸收、挥发、根滤、降解、稳定等作用，可以净化土壤或水体中的污染物，达到净化环境的目的，这被称做"植物修复"。

● **吸附**：溶化的物质被吸附在植物根系、土壤颗粒、土壤腐殖质或有机物质表面，通过粒子间的相互作用力对胶质固体发生作用，从而紧紧地"锁住"污染物。

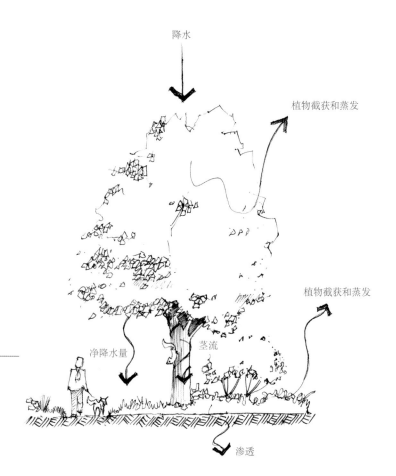

植物与雨水管理。植物种植影响地表径流潜在水平的不同途径。

（改编自：《波特兰城市》，2004 年）

● **沉降与分解**：通过土壤微生物对化学物质及有机物进行分解。湿生植物的根茎增加了土壤微生物的附着面。并且湿生植物已适应了厌氧环境，还能通过植物组织将氧气输送至根部。湿生植物的根部能在水浸泡的无氧的饱和土壤中生长，而氧气充足的环境则能促进土壤微生物的活动。

　　虽然水的净化是基于植物种植区域完成的，但是水处理的关键成分并不是植物本身，而是土壤和微生物的活动。然而，植物还是发挥了重要的作用，它们通过根系创造土壤的次生孔隙从而增加土壤的渗透性；在植物根系表面为微生物创造适宜的小环境；从空气向土壤中传递氧气（肯尼迪，1997 年）。许多营养物质储存在植物体内，在植物生长、死亡以及分解过程中得以循环利用。

　　在过去的三四十年时间里，湿地的净化功能已经应用于处理污水和废水的人工湿地当中，也在私家花园中得以应用。需要强调的是，本书的内容并不是关于污水或家庭灰水（洗盥污水而非厕所污水）的处理过程，因为相较于景观中雨水的利用，这些过程更关注的是人类的健康。

灰水

　　灰水是指未经处理的并未与厕所污水接触的家庭废水。包括使用洗衣机、淋浴、洗澡，或从洗手台、厨房产生的家庭废水。厨房洗涤池和洗碗机中排出的废水再利用比较困难，当然也不要回收洗尿布用过的水。理论上而言灰水可以用于庭院景观的灌溉（但因为存在病菌的潜在危险，灌溉食用植物时慎用），

瑞典斯德哥尔摩的可持续发展社区就地处理灰水和黑水。房屋使用后排出的水灌入一系列的湿地和池塘。由于对人类健康存有潜在的危害，因此这些湿地被严格地限制进入。

并且这种灌溉方法在加利福尼亚州已完全合法化。实际上微量的人体油脂、死亡皮肤细胞和肥皂相当于轻度的肥料！标准化的灰水灌溉系统常常使用滴灌，主灌溉管或容器埋在地下。因为如果在地表储存灰水，细菌和病原体会以倍数繁衍增殖，从而增加了对人体的潜在威胁。但矛盾的是，雨水园的原则是蓄水和渗透。因此在本书中我们建议在雨水园的元素序列中删去灰水，仅仅在非常干旱的时期将灰水作为灌溉水源。但是，如果灰水在进入雨水园之前得以净化，情况就大不一样了。比如，灰水经芦苇床净化处理后，可直接进入雨水园。但值得一提的是，这样一个芦苇净化处理床会占据很大的空间，并且在屋旁设置如此抢眼的设施是没有必要的。总的来说，我们必须强调，本书主要是围绕雨水的利用以及雨水园的设计和相关特点展开论述的。

雨水链

大体上，生物滞留池有双重目的：减少不透水铺装面积以减少雨水径流；在雨水流失前，利用景观和土壤自然地引流、储存、过滤雨水。

生物滞留池的运用方式很多，但关键是，为了充分发挥作用，一套综合方案需要全面地考虑问题，包括雨水注入、流经和流出的区域和场地，即常说的"雨水链"。雨水链包括四个主要的技术分类（考夫曼，2002 年）：

1. **减少地表径流**的技术。
2. 为促进渗透或蒸发而以贮留方式较长时间滞留雨水径流的**滞留技术**。
3. 临时储存径流，然后以适当的速率释放的**滞流池设施**。
4. 雨水从降落地到储存地的**输导技术**。

生物滞留池设备的利用实际上是一个空间问题，这也是我们对这个概念如此感兴趣的原因。链条的概念即意味着连接——链中的一环扣一环，链环越多，链条越强大。但关键是，很明显每个链条都有起始和终结，可以将首尾相接形成循环。因此，这个概念为花园的设计与管理提供了一个理想的基础。这个链条通常以建筑作为起始——可以是主楼，或者是花园中的景观建筑，抑或是小草棚；链条的终端可能是花园的最低处，或者是自然形成或者是人工营建的低洼地带；而花园中的植被和其他景观要素就处在该链的中间环节。这个链条不一定是直线型的，它还可以像河流的支流一样形成二级和更小的链条。

在美国，一些先锋城市和地区（例如波特兰、芝加哥、西雅图、马里兰州乔治王子县等）已为开发者和规划者制定了成熟的指导方法。该方法涉及如何将雨水的利用融入到日常景观当中，以取代被广泛采用的硬质铺装结合植物种植的形式，并且替代普遍存在的商业景观风格——以乡土植物为基础，几种常见的灌木结合丰富的草本植物。相较于工程师依赖用混凝土解决雨水相关的问题，这种方法更加廉价、高效。

直到现在，如何将我们周围的环境规划设计成美观而富有变化的景观，并且尽可能回报大自然，这一积极的观点还只是被规划者和开发者，还有极少数被说服的人所接受。

本书的目的是将这种全新的观点带给小尺度的家庭花园的设计者们，因为此观点会在这些花园中得到真正的尝试和创造。房屋常常是雨水链的起点，因此我们有足够的理由相信，这种方法可将建筑与景观融为一体，两者缺一不可。如果我们像本书中建议的那样设计建筑和景观，那么建筑的发展不再使生态遭难，与之前相比，它将真正地改善场地的生态环境。

雨水利用指导包括大范围的要素、装置和"设施"，所有这些都是基于前面介绍过的简单的生物滞留池模式。它们将融入景观要素的序列和链接看做是一个整体，起始于建筑或大面积的不透水铺地（例如停车场或道路）。这也是本书将用到的模式。下列的表格和图片展示了一种理想的雨水链，以及如何将之真正应用到典型的住宅、公共或商业景观当中。我们标明了与建筑相关要素的相对位置，并且总结每个要素的主要功能。

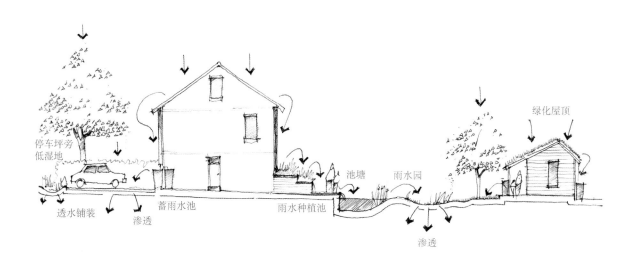

停车坪旁
低湿地

绿化屋顶

池塘

雨水园

透水铺装

渗透

蓄雨水池

雨水种植池

渗透

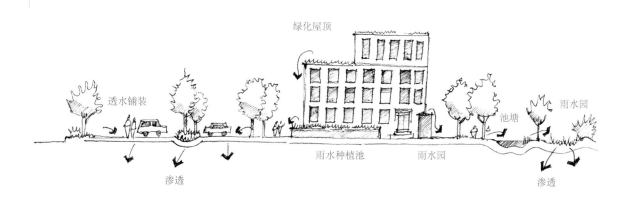

绿化屋顶

透水铺装

雨水园

池塘

雨水种植池

雨水园

渗透

渗透

包括非常重要的因素（对于家庭花园来说也许是最重要的）"悦目"——也就是说你的花园在视觉美方面做得如何。有趣的是，除了雨水桶以外其他要素得分都很高，并且雨水桶也可以通过精心的设计而具有欣赏价值。再次强调，几乎所有的要素都具有一些居住价值和生物多样性价值。每一种要素都将在本书的下一部分详细介绍。

住宅区和商业区的雨水链。以上两图分别图解了住宅区（上图）和商业区（下图）中的连续序列是如何收集雨水并最终释放到景观当中的。

组成成分	建筑旁庭院		靠近建筑				远离建筑	
	绿化屋顶	垂直绿化	雨水桶	雨水种植池	透水路面	雨水园,渗透带	景观洼地	植被过滤带,人工湿地
位置及应用	屋顶表面栽种植物	攀缘植物,绿色墙体	从屋顶表面直接收集雨水	高出地面或与地面齐平的种植池,在建筑基部迅速拦截和收集雨水	能够渗水的硬质铺装表面	用于收集雨水的种植区域	公园、住宅和商业区的景观,城市基础设施	公园、住宅和商业区的景观,城市基础设施
防止径流	●		●	●	●	●		
蓄水	●	●		●	●	●	●	●
滞留	●		●	●			●	●
运输							●	
过滤				●		●	●	●
栖息地	●	●		●	●	●	●	●
宜人性	●	●		●	●	●	●	●

雨水链的组成要素,以及它们如何与典型的住宅区和公共或商业景观相融合。

在保护生态环境的设计面前,坚守和违背其实只有一线之隔。如果还不改变我们的方式,我们将被看成是绝望和遭难信息的传播者。不可否认,很多生态花园或可持续性景观看上去非常糟糕,甚至拙劣!因此,是时候好好反省了。当然我们完全认识到要在生活的各个方面加强环保意识。但当它真的来临时,我们不得不承认这样做的主要目的之一是,它能让我们的景观布局、设计以及管理看起来更新鲜有趣以及更富创意。再者这样做能赋予我们的规划方案以真正的意义——一切背后都有故事——不仅仅是为美观或创造一个令人满意的模式。而且这样一来我们会感觉更加良好，因为我们为地球作了一点点积极的贡献。但愿您在读完本书后，也会有同样的感受！

上图和对面页图：水
在景观中自然地流
动，并在低洼地汇集。
与其隐藏或移除这些
自然的渠道，为什么
不开发利用呢？

第二部分
雨水链

在这一部分里，将更加详细地介绍雨水链的组成部分。从在建筑（可以是主楼本身、花园棚屋、凉亭或其他小型建筑）中使用或与建筑相连的要素开始，随后进一步介绍更宽广的花园或庭院。在单个花园中也许包含所有不同的雨水链组成要素，但场地的大小最终决定了什么要素才是可能的。单一的组成要素会破坏传统的排水系统，从而影响水从屋顶或铺装表面输送至下水道。两种或更多的要素相结合才能增加潜在的积极作用。因此，不要为了没有利用所有要素而苦恼——尽管所有要素都是有价值的。本书介绍的要素和组成部分有很多是要大规模应用的，比如在公共空间和商业景观中应用。当然，所有的要素都能在家庭花园中使用，但可能需要对其进行适当的改造以符合小尺度空间。而案例研究和实例部分则是希望能提供一些灵感和先例。有些例子是因为细节处理值得参考，还有一部分则例证了整体住宅建筑方案或内城重建项目的原则和方法。

每个要素都介绍了技术细节，并绘制出横断面图，以便示意其建造结构及工作原理，接着用一系列的案例研究和设计细节进行更详尽的说明，然后才开始介绍下一个要素。整个章节下来，完整的案例和规划就介绍全面了。

因此，下面我们呈现的是一个"工具箱"：包含一系列可供利用的组成部分。在不同的环境下，用不同的组合方式。当然，将给您提供一些原则，请铭记在心：

● 时常考虑"链条"——由一系列相互连接的要素构成，一环扣一环——从固定的建筑结构开始，随后在你的方案中逐渐展开。常常要结合你提供或改造的地形地势进行设计。如果一开始，你对于将这些技术应用于房屋径流的处理不自信，为何不试试将之应用于小一些的建筑，譬如花园棚屋、温室或车库呢？书中的一些例子特别针对性地介绍了这种小尺度建筑的处理方法。

● 让水及水的处理过程可见，相比较于埋在地下的管道，这样更容易将可能堵塞水沟的树叶清拣出来。

● 首先，充满创造力吧，并且处处探索创意设计的机会！你有一些什么素材能随意使用，如何利用它们形成独特的设计？废弃物品或场地的回收利用是一个新的开始，它能发掘很多有趣的容器和材料，并且它符合可持续发展的潮流。

生物滞留池的总体设计原则

在第一部分我们介绍了生物滞留池的基本构成。这一部分将更加详尽地介绍渗透功能的纵剖面结构。本部分介绍的大多数要素改变这种总体结构。

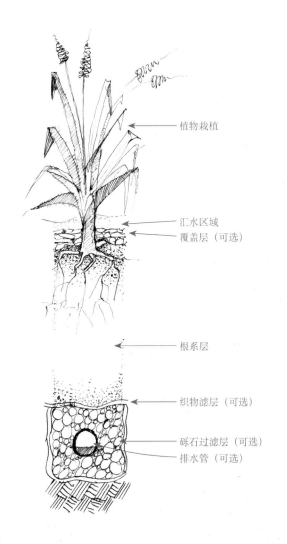

植物栽植

汇水区域
覆盖层（可选）

根系层

织物滤层（可选）

砾石过滤层（可选）
排水管（可选）

典型的生物滞留池断面图

（改编自：考夫曼和 Winogradoff，
2002 年）

绿色屋顶

什么是绿色屋顶？ 绿色屋顶是指在建筑等的屋顶、露台、
天台栽种植物。

绿色屋顶如何管理水资源？ 绿色屋顶能减少中型暴雨时
的雨水径流总量，也能减少雨水流失的比率。

绿化屋顶甚至能在最小的构筑上使用：鸟巢、狗舍、垃圾桶。

进行了屋顶绿化的小屋成为小花园的焦点。

我们总是看到花园中的小屋或建筑的丑陋而无趣的屋顶。

　　绿色屋顶是指有植被覆盖其上的简单的屋顶。人们熟知的是一些大尺度的屋顶绿化：如学校、办公楼、工厂以及其他一些大型建筑。而小尺度范围内的使用情况也很不错，但是常被人们忽略。花园棚屋、游廊、凉亭、阳台、车库等均有发展绿色屋顶的巨大潜力。事实上，这样中等规模的绿色屋顶所带来的影响远远超过场地本身。如果它立即传递出明显的信号——某种程度上具有保护花园环境的意义——那么别的组成成分将相形见绌了。并且，富有创意的绿色屋顶能将这种普通的结构变成整个花园的焦点。屋棚常被隐藏至视线之外，如果太突兀则非常丑陋，特别是俯瞰时更是如此。实际上，生活在城镇中的大多数人看到的都是单调灰色的单坡屋顶。如果将这些屋顶表面进行绿化不仅能提高其观赏性，还能将这些实用的建筑和结构变成引人注目的焦点。其实在场地很小或受到局限的花园或户外空间中，屋顶绿化可能是将植物和野生动物带入建筑周边环境的唯一机会。让我们将这些屋顶从令人尴尬的窘境转变成服务于整个花园的建筑结构！在小尺度的花园中，凉亭或草棚成为场地的中心。在更丰富的空间中，利用具有绿色屋顶的建筑成为视线焦点。屋顶绿化是一件出奇简单的事情。

　　广义而言，绿色屋顶可以包含在各种形式的建筑物屋顶上栽种植物。包括传统意义上的屋顶花园（即所谓的集中型的绿色屋顶）。然而，现在很多人主要将这个术语运用在更轻、相对较薄的屋顶上。这种屋顶不需要经常使用或者进入，并且非常"生态"的是，它所需的灌溉是极少的，也不需要维护管理。屋顶绿化公司所提供的最常见的绿色屋顶是由景天科的植物组成的，常作为种植前的垫层，铺设在基质层或排水层之上。这种绿色屋顶能提供常绿的覆盖，并在初夏开花。根据屋顶的作用不同，还有其他方法可供选择。绿色屋顶为野生花卉提供了理想的生活环境，特别是适应于石灰质（白垩和石灰岩）的种类，并且为岩石园中常见的高山植物种类提供了生长机会。我们应该记住，"绿色屋顶"在某种程度上常被误解。如果在夏季不进行灌溉的话，屋顶不可能保持郁郁葱葱。因此，人们常用"有生命的屋顶"或"生态屋顶"来避免误解。

正如书中介绍的其他内容一样，增加观赏价值能够锦上添花——绿色屋顶也能带来许多环境效益。除了雨水管理功能，绿色屋顶在冬季能为房屋保温，夏季则能隔离太阳直射，降低室内温度，同时能有效消弱噪声。显而易见，将"荒芜"的屋顶进行绿化能够提高野生生物的栖息地价值。并且，从园艺学或生态学角度而言，绿色屋顶能为乡土植物或外来物种提供更加丰富的生境。

营建绿色屋顶

屋顶绿化已不是新思想了。斯堪的纳维亚半岛的小木屋用草皮覆盖屋顶已有几个世纪的历史。有必要将这些古老屋顶的营建方法作为依据来建设较小建筑的类似的屋顶。这些屋顶运用当地土壤和植物（通常来自建筑所在场地中）以及一些简单的材料来构建。在用木板严丝合缝地拼接成的屋面上，利用桦树皮铺设成附加防水层，桦树条铺设排水层以帮助水从屋顶基部排出。草皮直接铺设在这些结构层之上，并且土壤和植被层被固定在木板或木条所形成的框架中。采用这些方法，利用当今轻质材料，就能营建出合理可行的花园棚屋或室外绿色屋顶。

传统的斯堪的纳维亚木屋的绿
色屋顶。营建技术虽然简单，
但是却能使木屋冬暖夏凉。瑞
典斯德哥尔摩的斯堪森民俗博
物馆中就展示了这种古老的小
木屋。屋顶利用当地的材料如
桦树皮来搭建，植物和种植土
则放置在木槽中，并且选择当
地植物种类作为屋顶绿化的植
物材料。

所有类型的屋顶绿化都由一系列基本的结构层组成，不同
的地方主要是生长介质的深度以及植被的类型。如今，一些专
业的公司能提供和安装绿色屋顶，抑或公司负责设计，使用者
自己动手建造，或者两种方式相结合。首先我们会介绍典型的
商业模式中的标准绿色屋顶结构，然后考虑如何进行改造。典
型的商业化的绿色屋顶由以下几个部分构成：

● **防水层**。任何屋顶绿化的基础结构层都是防水层。这个层
不仅要防水还应能防根穿刺。声誉好的屋顶绿化公司能提
供有保证的（通常是 25 年）防泄漏的服务。

● **排水层**。排水层通常在防水层之上，并且能够将多余的水
排出屋面。屋顶绿化采用的植物大多数是强健、耐干旱的，
并且不适宜于渍水土壤中生长。市场上的排水层多采用预
制的多孔硬泡板，并且与特制排水出口相结合。简单的轻
质骨料也有同样的功能。

● **过滤层**。为防止种植土被水带入排水层，故在种植土下放置一层过滤层。该层多采用土工布或玻纤毡，可以透水，又能阻止泥土流失。

● **生长介质或基质**。生长介质能促进植物生长。常将之称作基质，是一种轻质的人工"土壤"。典型的市场上常见的基质由混合材料组成，如可再生的碎砖或瓦片，轻微膨胀黏土颗粒，珍珠岩或蛭石，然后混合少量（约体积的10% ~ 20%）的有机物质，如绿色堆肥等。

● **植被层**是屋顶中富有生命的组成要素。

典型的屋顶绿化结
构断面图

生长基质
过滤层
排水层
阻根层
防水层
屋顶

正在施工中的绿化屋顶展示了典型的屋顶绿化的要素。塑料多孔排水层铺设在土工布过滤层上，再在最上面覆盖种植基质。

设计绿色屋顶

改造商业化的系统结构

你可能希望通过自己设计植被层或使用自己选择介质来改变绿色屋顶的外观。大多数屋顶绿化公司将乐意提供这样的服务，准备好基础结构，剩下的工作交由使用者自己完成。最简单的方法是在已备好基质的基础上自己选择和栽种植物，可使用容器或者插入基质中，还可使用混合种子，或者是将这些方法相结合。你还可以自己选择基质。在大多数生态绿色屋顶中，基地本身所产生的废物或可循环利用的物质（例如，建筑打地基时翻出的下层土，或先前建筑的拆建物料）被越来越频繁地利用起来。

自助营建绿色屋顶

当材料齐全时，自己建造一个绿色屋顶是完全有可能的。当然，如果是为客户建造，为安全起见，你的规划一定要非常严密。如果是个小型简易建筑的屋顶例如草棚，或仅供个人使用，则要求不那么严格。

在设计建造绿色屋顶时，有两个关键因素必须考虑：承重和防水。所有屋顶绿化中最重要的因素是房屋屋顶是否能够承载绿化所附加的重量。如果要在新建的建筑上进行屋顶绿化，则可设计建筑支撑结构的承重符合屋顶绿化所需荷载。但是，如果要对已建成的建筑屋顶重新进行屋顶绿化，如果有疑问，一定要参考建筑设计师和结构工程师的专业意见。商业性的轻质结构荷载约为 $70 \sim 80 kg/m^2$，栽种植物后的荷载约为 $100 \sim 110 kg/m^2$，这时生长介质厚度约为 $70 \sim 100 mm$。

在覆盖其他绿色屋顶的结构层之前，要保证屋面是完全防水的。为了求得安心，强烈建议你为客户工作时，任用有信誉的承包商。即使你打算使用不同于屋顶绿化公司的基质和植物材料，也建议你雇佣同一家承包商来安装防水层及铺设基质——这样才有保障。否则，你必须向承包商解释防水层之后的一切工序是否会影响防水。

创建你自己的绿色屋顶

下面针对在小型的景观建筑上建造绿色屋顶提出几点注意事项，此类绿色屋顶不需要遵守建筑条例和法规控制。这些建筑包括花园库棚、儿童游戏房、花园凉亭、马厩、狗房等。这些准则同样适用于其他的屋面，当然前提是确保已有的防水和支撑结构十分可靠。

● **防水和隔根层**。在已有的屋面或屋棚之上必须另外铺设防水层，进行二次防水处理。这样能够增加安全性，最重要的是防止植物根系穿透防水层。沥青屋面最容易受到植物根系破坏——如果表面总是潮湿的，那么根系就会破坏屋顶面层，但是最大的危险来自植物根系穿透屋顶面层从而破坏屋面油毡之间的连接。对于小房子的屋顶而言，牢固的池塘防水衬垫就足够了，最好是整块铺设。如果是若干片衬垫拼接而成，则应确保接合紧密不漏水。为了更加安心，可能还需要在防水层上再铺一层屋面油毡或无纺布材料。这样就能保护防水层不受土壤或种植基质中尖利物质的破坏。同时，还能在铲除顽固杂草、移植铲挖掘过深时保护防水层。

案例：位于山上的绿色屋顶，谢菲尔德，英国
奈杰尔·邓尼特设计

　　这个案例是一个典型的斜坡屋面的绿色屋顶。在园艺中心和 DIY 商店均有销售，它的构建不需要额外的结构支撑。而营建它的目的就是将原本毫无特色的屋顶转变为整个小公园的中心景物。对屋面刷完漆后，用固定在混凝土中的 7.5cm×7.5cm 的木桩支撑屋顶的四角。并且在屋面上铺设一层耐用的土工膜作为隔根层。丁基合成橡胶垫层比一些较便宜的塑料垫层要更可取。因为它们具有弹性，不易被戳破，并且即使暴露在阳光下也不会迅速老化。将做好的木质框架放置在垫层上，并且抵靠着木桩，这样一来就能减小施于屋面的压力。在木质框架的每个隔间中铺设粉碎的充气混凝土煤渣作为排水层，再在其上填充 10cm 种植基质（在这个案例中，将陶粒与由沙砾构成的堆肥按 1:1 混合配比）。以上所有材料都能在著

典型的花园小木屋改造过程。将木屋表面刷成黑色，用木柱支撑屋顶最长边。

名的 DIY 连锁店中购买到。植物可采用已成苗的高山植物例如百里香、石竹类、海石竹类等，与利用种子繁殖的高山植物、耐旱的草本植物和禾本科植物混植。

在这种情况下，水是通过木质框架的基部排出的。还有一种方法是在伸出的屋檐处，穿过垫层和屋顶打一个洞（在切割垫层时注意不要撕破垫层），借助塑料罐连接器使垫层和屋顶紧密连接在一起。然后通过洞口放下一段链条并且将之固定。多余的水能顺链条流下汇入雨水桶或渗透入土壤。最好是在洞口盖上一层土工布（大多数园艺中心均有销售的透水材料），这将防止土壤或基质被冲刷进入排水洞。

在屋顶上铺一层池塘塑料防水衬垫，再放上用木柱支撑的木制种植槽。

在屋顶上种植预备好的丰富的高山植物。

● **排水层**。对于具备斜坡屋顶的小型建筑屋面而言，无须铺设排水层。并且只要倾斜的屋顶保证水能畅通排出，就可以将土壤或基质直接铺着在防水层上。然而，对于斜坡屋面而言，设计者需要思考用什么技术手段防止基质和植物从屋面滑落。一种选择是制作可放置在屋顶上的木质格架，格子能防止土壤被冲刷。一旦植物根系生长发达后将土壤固定，格架就可以移除了。

● **土壤和基质**。对于绿色屋顶来说，理想的基质材料是轻质的，并且渗水性强从而能防止土壤变"酸腐"，还应具备一定的保水能力以防止土壤过快地干透。基质的选择有很多：石灰岩碎粒，粉碎的混凝土或瓦砾碎石（来自拆毁的建筑）。瓦砾碎石是一种理想的基质：它是一种建筑垃圾，来源广泛而丰富，达到一定的营养水平，排水性好并且颜色丰富多彩。

绿色屋顶与水

城市当中将近 40% ~ 50% 的不透水表面是屋顶。在减少这些不透水表面的雨水径流时，绿色屋顶扮演了重要的角色。它能通过多种方式影响屋顶雨水径流。基质中的孔隙能吸收降落在屋顶的雨水，基质中的吸收材料也能涵养水分。植物也能保水，并将之储存在植物组织中或蒸腾至大气中。一些雨水落在植物表面随后蒸发。屋顶的排水系统也能储存和保持雨水。通过涵养和蒸发雨水，屋面径流显著减少，并且雨水排走之前在屋顶的短时间储存，能减轻排水系统的压力。暴雨特别是夏

22h 内传统平屋面和
绿化屋顶的径流。

(重绘、改编自：科勒等，
2001 年）

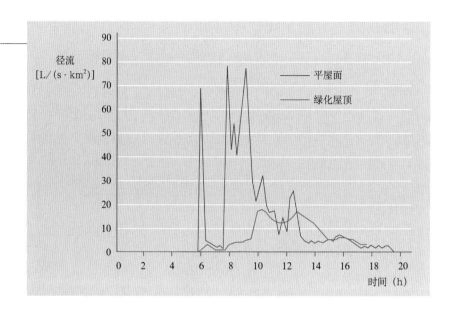

绿化屋顶吸收雨水并
逐步释放——传统屋
顶则是迅速将雨水排
入排水沟。

季风暴和台风带来特大降水时，雨水能较为缓慢地释放到雨水
排放系统中，使其负荷得到很大的缓解，从而减少洪水泛滥的
发生。但如果是倾盆大雨，可能排水系统无法排泄过量的雨水
从而发大水，并导致污水横流。

　　第 64 页的图表阐明了绿色屋顶在控制雨水径流方面的显著作用。记录显示平屋顶表面的雨水径流非常接近于降落在屋顶的雨水总量和强度；与之形成鲜明对比的是，覆盖大量绿化的典型传统平屋顶不仅能减少屋顶表面的雨水径流总量（雨水径流的峰值明显降低），而且可以延迟屋顶雨水的流失，并且在最初的激增后，径流率会保持相对恒定。该结论在世界各地的试验屋顶中均得到证实。

　　绿色屋顶的存储容量受多种条件的控制，如季节、基质的深度、结构层的数量和种类、屋顶的坡度、生长基质的物理性质、种植植物的种类、降雨强度以及当地气候。在研究过程中以偏概全是很危险的事情，特别是在不同的气候条件下进行研究，结论也将改变。然而，大多数研究表明绿色屋顶对于雨水径流的年控制量为 60% ～ 80%。并且以每小时流量的毫米

佐治亚州皮埃蒙特，2003 年 11 月至 2004 年 11 月期间的绿化屋顶雨水滞留情况。

（改编自：卡特和拉斯姆森，2005 年）

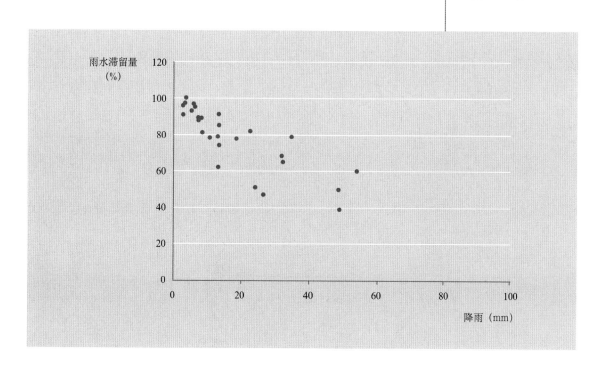

数衡量的径流峰值也显著降低。例如，实验表明在 4 ~ 9 月期间，径流减少率为 51%，小型暴风雨时，此值更高（莫兰等，2005 年）。第 65 页的图进一步证明了这种差异：该图注明了从 2003 年 11 月至 2004 年 11 月期间，佐治亚州的一个试验性绿色屋顶在一场风暴中的雨水径流情况。

总而言之，降雨量越大，绿色屋顶的持水量就越小。对于小型暴风雨，绿色屋顶几乎能保持降落其上的所有雨水。这主要是与基质的保水能力有关——一旦绿色屋顶达到其持水量的上限，任何多出的雨水都将轻易流失。由于夏季大量的水分通过植物的蒸发和蒸散作用得以循环，因而夏季与冬季的基质持水总量也有相当大的差异：夏季雨水保持量在 70% ~ 100%，而冬季可能只有 40% ~ 50% 左右（佩克等，1999 年）。

下表证明了屋顶的植被在减少雨水径流方面的作用。即便在普通的未经绿化的屋顶，蒸腾作用也使雨水径流量小于降落在屋顶的雨水总量。增加了砾石层后，径流量进一步减小，而植被层的加入则使得该值大大减小。

基质的深度和植被对于屋顶雨水径流比率的影响。

（曼顿等，2003 年）

屋顶类型	雨水径流比率
普通屋顶	81%
铺设 5cm 砾石的屋顶	77%
栽种 5cm 植被的绿色屋顶	50%

绿色屋顶的类型

一些植物自然地生长在旧房子的屋顶和墙上。在北欧，一些景天科的植物例如苔景天（*Sedum acre*）和 *S.rupestre* 等能够自由而良好地生长在旧房子的屋顶，它们仅需一丁点甚至不需要土壤基质，只要扎根于缝隙或瓦块的衔接处即可生长。类似的还有石莲花（*Sempervivum* spp.），正如名字所传达的一样，它通常生长在砖瓦的屋顶、破旧的墙壁以及烟囱之上。现代绿色屋顶技术允许此类或类似的植物在不破坏屋顶结构及防水的情况下生长在屋顶之上。

依据所使用的基质深度的不同，绿色屋顶可以有多种多样的植被类型（如下表所示）。基质层最浅，也是最常见的类型是"广泛型"绿色屋顶。它的基质层深度在 20 ~ 100mm 之间(之所以成为"广泛型"，是因为其低投入，维护简单，并且适用范围广)。适宜用于"广泛型"绿色屋顶的多是粗放型管理的植物，抗性较强，并且能忍受干旱的环境。这类植物多源自于

类型	基质深度	种植类型
广泛型	0 ~ 5cm（0 ~ 2in）	简单的景天属及苔藓植物群落。
	5 ~ 10cm（2 ~ 4in）	矮小的野花草地。
		低矮、耐干旱的多年生植物，草本植物和球根花卉
半广泛型	10 ~ 20cm（4 ~ 8in）	中型的多年生植物、草本植物、球根花卉以及耐旱的一、二年生植物。
		野花草地。耐性较强的亚灌木
密集型	20 ~ 50cm（8 ~ 20in）	中型灌木、可食用的植物、大多数多年生植物和草本植物。
	大于 50cm+（20in+）	小型落叶乔木和针叶树、灌木、多年生植物和草本植物

绿化屋顶的类型和植物种植。

（改编自：杜耐特和金伯利，2003 年）

沿海地区、悬崖、山区、干旱的草场等。最常用的"广泛型"绿色屋顶植物有景天科植物和苔藓植物。"广泛型"绿色屋顶主要用于花园，而如果基质层更深一些的话，就可以建设"密集型"绿色屋顶。这种类型和传统的屋顶花园相似，对于屋顶的结构有相对较高的要求，在此不再赘述。然而，还有一种类型介于两者之间，即"半广泛型"绿色屋顶。它集结了"广泛型"屋顶花园低投入、低维护的优点，特别是采用自然式栽种形式时，它更具美感和装饰性，并且对基质的深度也要求不高。

庭院绿色屋顶的选择

景天科植物屋顶

景天科植物是使用最为广泛的绿色屋顶植物，它们抗性较强并且耐干旱瘠薄。作为肉质植物，它们茎叶肥厚多汁，并在特别干旱时闭合组织生理活动以减少蒸腾从而储存水分。常用的景天科植物有：玉米石（*Sedum album*）、薄雪万年草（*S.hispanicum*）和反曲景天（*S.reflexum*）。所有的景天科植物都是常绿的，并且多数低矮的品种只在仲夏相对较短的一段时间开花。玉米石（在英国被广泛引种），苔景天（相对较多地原生在露出地表的岩石和废旧墙垣上）拥有非常美丽的花相。景天科植物的花朵对于蜜蜂、蝴蝶等昆虫具有很大的吸引力。

景天科植物绿色屋顶可以通过三种方式营建。播种是最经济的选择，但是这类植物的种子很小并且从发芽到植被覆盖需要较长的时间；景天科植物同样能通过扦插繁殖，因为只需植物的小部分插穗即可生根；然而，在小范围内最简单的方法是像铺地毯一样铺设预植了景天科植物的草垫。

荷兰欧亚瑟花园的一座花园建筑，由一群住在原修道院的艺术家们资助修建了景天科植物绿化屋顶，从屋顶排出的过量的雨水通过链条进入一处小型雨水园。花园中所有的水都将通过一系列的水池和水渠汇入一个池塘。花园的建设和维护只是用可循环利用的材料，并致力于保护野生动物。

英格兰伊普斯威奇郊外的驻车换乘点，在乘客候车区与售票处采用了景天科植物的绿化屋顶。屋顶多余的水将被排放进入水处理湿地和沉淀池。

（设计：景观设计协会）

凉亭的绿化屋顶景天科植物（多数是玉米石）盛花的景象。一条雨水链将屋顶多余的水导入地面。

（设计：约翰·利特尔，草坪屋顶公司。约翰·利特尔拍摄）

野花生境绿色屋顶

绿色屋顶的环境特点（低肥沃度、排水良好）为景观的丰富度及草地植物群落的物种多样性创造了有利条件，屋顶野花草坪也会比地面的野花草坪要成功。因为屋顶潮湿的环境和养分胁迫不利于侵略性和竞争性植物的生长。在空间有限的小花园中，屋顶可能是最适宜铺设草坪的地方。而在石灰岩的基层上铺设野花草坪植物群落是最可取的方式。这类土壤土层很浅——只有 10cm 左右深度，并且由于石灰岩基层排水良好而比较干燥，供养着低矮而丰富的植物群落。相比较之下，绿色屋顶的这类环境特点是非常明显的。

低矮和攀缘植物种类例如黄花九轮草（*Primula veris*）、篷子菜（*Galium verum*）、牛角花（*Lotus corniculatus*）、岩蔷薇（*Helianthemum chamaecistus*）、圆叶风铃草（*Campanula rotundifolia*)、山柳菊属植物(*Hieraceum* spp.)、百里香(*Thymus drucei*)、地榆(*Poterium sanguisorba*)、灰蓝盆花(*Scabiosa columbaria*)均可能栽植成功。而基质的深度至少要达到 70～100mm。绿色屋顶的野花草坪营建形式多样。种子繁殖是最划算的方法。单纯的野花混合种子应以 1～2g/m² 的密度撒播，而草花混合的种子密度则要达到 3～4g/m² 为宜。将种子与一定质量的细沙混合能保证种子均匀地撒播进入基质。如果是撒播在斜坡屋面上，则最好在撒播后铺设一层透气的纤维垫以防止大雨对于土壤的冲刷。

野花绿色屋顶也能利用扦插和营养钵繁殖。这样花费较大，但能很好地控制屋顶植物的组成。种子繁殖和植株移栽相结合是比较有效的，春季和秋季则是繁殖的最佳时期，并且要避免干燥的夏季。为保证视觉效果的美观，建议少用甚至不用草皮。低肥沃度的基质更有利于无须修剪的低矮植物的生长。而那些长势较强或较高的植物则需要定期修剪以防止其蔓延或将上季的残体遗留在屋顶表面。

生物多样性生境绿色屋顶

在欧洲被称为"生物多样性屋顶"的屋顶生境在很多方面都是所有类型绿色屋顶中最生态环保的。它们使用当地的或有特色的基质材料（例如拆除建筑遗留的碎石、碎砖、混凝土块以及当地的底土、细沙和砾石等）。这些材料能相当便捷地就地取材，因而经济实惠。至于植物的选择方面则范围更广，无论是自行生长在其中的植物，抑或适合当地的草花混播草地和植物都可以加以利用。这种类型的绿色屋顶最初由瑞士研究者斯蒂芬·布伦艾森博士研究开发，目前已被其他国家接受。这

瑞士巴赛尔州，平顶的建筑物通常做成生物多样性的屋顶，利用当地的石头和砾石等做基质，然后混播适合当地生长的野花种子。

伦敦郊野公园的一个小储藏室，利用当地废弃的砖块和瓦砾作为屋顶绿化的基质。这座建筑本身也具有教育意义。利用原木、芦苇和稻草（无脊椎动物的良好栖息地）以及回收易拉罐填充墙体。

（设计：约翰·利特尔，草坪屋顶公司。约翰·利特尔拍摄）

个理念保护了许多在地面环境中正在丧失的生存环境。比如，在瑞士莱茵河沿岸树立的高楼剥夺了陆地筑巢的鸟类和涉禽的栖息地。通过利用在莱茵河冲积平原取得的砾质砂土，从而在屋顶上营建与之相似的生境。

在伦敦，类似的理念也用到了"棕色地带"的基质（如砖瓦、混凝土等建筑垃圾）处理上：它们在废弃地或后工业基址上所

凉亭的屋顶利用草类和开花植物形成草甸。细香葱（*Allium schoenoprasum*）是主要的开花植物。

（设计：约翰·利特尔，草坪屋顶公司，约翰·利特尔拍摄）

新建的建筑上得以利用。这些地带常被看成是不毛之地，但实际上不易被干扰、排水良好、基质肥沃度低等特点却为此地的生物多样性提供了有利条件。最后，稀有或受保护的物种也有可能生长良好。在屋顶创建这样的生境条件就能在城市发展与生态保护间取得可行的平衡。

伦敦草坪屋顶公司的约翰·利特尔目前已建成 20 座绿色屋顶，并擅长于绿色屋顶动植物多样性的保护。他对多种基质进行了试验并最终选择碎砖瓦与细粒土混合作为基质——因为它们是剩余的废料，并且都是完全免费的。试验证明在碎砖瓦基质中无脊椎动物和营养物含量相对较高，并且排水良好，因此允许多种植物混合生长其中。草坪屋顶公司设计建设了许多小型项目，包括家庭办公室、避暑别墅、自行车雨棚、仓库以及外廊。约翰表示他一直在尽力使生态屋顶为更多人理解接受——只要是能装载基质的容器，简单的排水系统就能供养植物——这些无论怎样都比瓷砖和毛毡屋顶要好。他积极与学校合作，特别是当地的学校，目前已建成一条景天类植物绿色屋顶的长廊、一座碎砖瓦的自行车棚、一座铺着草皮的运动场棚、一座生长有原生草本植物的储藏室屋顶。

从花园建筑的绿化屋顶排下的水流经墙体，滋养了堆砌的石块间生长的植物，屋顶植物包括：蓝羊茅（*Festuca glauca*）和小穗臭草（*Melica ciliata*），多年生开花植物海石竹（*Armeria maritima*）、细香葱（*Allium schoenoprasum*）、百里香和苔景天、一年生菊科植物臭甘菊（*Tripleurospermum maritimum*）。

（设计：奈杰尔·邓尼特）

装饰性屋顶

　　当基质达到一定深度时，只要根部干燥、排水较好，那么品种繁多的高山植物、原生在干旱草地而传统应用于岩石园的植物种类均能在屋顶生长良好。对于园艺学来说这是一个全新的领域，任何人只要开发出不同的植物属种，都能成为先行者。比如，品种多样的石竹属植物就是成功的典范[植株较高的康乃馨（*D.carthusianorum*）就成为绿色屋顶的最爱]。株形较小的 *Erodiums* 开花能持续数月直至初冬。常绿的景天科植物，颜色金黄、品种多样的百里香属植物能丰富冬季景观，而攀缘的十字花科植物 *Hutchinsonia alpina* 早春即白花绽放。而春季则可配置银莲花属（*Pulsatilla*）的植物，黄花九轮草繁花似锦。稍晚一些，猩红色的朱巧花"格拉斯文"（*Zauschneria* 'Glasnevin'）和黄色的钓钟柳"摩西

英国罗瑟汉姆穆尔盖特克罗夫茨商务中心。这个屋顶平台是供办公人员使用的，并且它是"半广泛型"屋顶绿化的典型代表。植物栽植要求四季景观良好，并且需要少维护，只在特别干旱的季节灌溉。使用了两种不同的植物混栽方式：高山植物和景天科植物栽植在深 10cm 的基质中，自然的干草甸和多年生植物则栽植在深 20cm 的基质中。不同颜色的石头则增加了冬季的视觉效果。

[设计：米凯拉·格里菲恩（罗瑟拉姆大都市行政区委员会）和奈杰尔·邓尼特]

黄"（*Penstemon 'Mersea Yellow'*）也竞相开放。球根植物也值得尝试，特别是一些原生于沙漠地区的矮小的郁金香品种。当基质深度达到 100 ～ 200mm 时，许多耐旱的多年生和草本植物都能生长茂盛。例如像牧场草地一样的混合草种毛边臭草（*Melica ciliata*）和蓝羊茅以及干旱地带中花期较长的一系列多年生植物——许多山萝卜属植物都是可以选择的。一年生植物也表现不错——无气味的臭甘菊和花菱草（*Eschscholtzia californica*）每年准时开放。

回收利用流失的雨水：拆除落水管

无论是否进行绿化，屋顶都会有过量的水产生从而需要对其进行处理。在很多案例中，这些水被视为废水，通过落水管直接从屋顶导入排水沟或下水道。如何获取这些免费的资源并加以利用，使其不仅能持续供给花园，还能增强花园的美感和体验度？在这一部分，我们尝试用不同的方法阻断从屋顶到排水沟之间的水流——实际上就是将落水管断开，将其中的水用作不同的地方。在此有多种途径处理这些临时的雨水（《芝加哥之城》，2003 年）：

● 径流可以通过草坪或类似于滤土带的种植区进行分层。

● 径流可以通过低洼地和其他园林元素分别进入滞留池或雨水花园。

● 径流可以临时贮存在雨水桶或贮水池中。

显然，阻断落水管应该谨慎，并且应有足够的户外空间和种植区域承载这些雨水。我们以储水为目的，首先考虑以下的方法。

雨水贮藏

在雨水处理技术和配水系统发明之前，人们主要依靠雨水和其他自然水资源满足生活所需。当人们不得不从泉、井或河流中取水至屋内，使用后排入花园中时，几乎没有多余的水可以利用，因此人们开发了雨水收集和再利用技术。如今我们看到这门历史悠久的技术再次兴起，主要是因为雨水收集所节约的潜在成本以及利用雨水灌溉植物比净化水更有利（雨水不含氯化物，水硬度为零，并且比城市用水含盐量要少）。

雨水桶和集雨桶

什么是雨水桶和集雨桶呢？即与落水管直接相连的中型容器。

那么如何处理雨水？雨水桶收集和贮存中等体量的雨水用作小规模的非饮用功能。

在花园中使用雨水桶和集雨桶收集雨水加以利用的方法由来已久。甚至直到最近，还在使用传统的木桶、金属或塑料的桶状容器，或临时使用废旧的密封容器代替，利用落水管直接排空至桶内。然而现在花园目录上有花样繁多、造型美观的雨水桶可供挑选，它们同时也能为花园锦上添花。对于较小的

雨水桶能为花园的植物灌溉提供免费的水。

用水壶或水桶浇灌植物比用水管随意浇灌要经济有效得多。

空间而言，能够与房屋或建筑的墙壁相连接的扁平的大桶则更加实用一些。直接将水排空至桶中的传统落水管被雨水桶分流阀所取代，这些龙头能在水桶盛满时选择关闭。但雨水桶必须配备隔板或严密的盖子以防蚊虫在桶中繁殖。

　　雨水桶的贮水量相当可观。举例而言，一座 $110m^2$（$1200ft^2$）的屋顶，在房屋的四角分别配备一个容量为 250L（55 加仑）的雨水桶，其贮水量相当于降落在屋顶 1cm（0.33in）的降水量——相当于一场中雨（《芝加哥之城》，2003 年）。虽然不能抵御强烈风暴，但雨水桶在雨水处理及应用体系中仍扮演着有效的角色，这种作用的发挥部分有赖于将桶中的水用作园内的灌溉或其他之用。但是当桶内的水盛满了怎么办呢？——特别是冬季花园根本不需要用到贮藏的水，又将如何处理？比较普遍的方法是将桶一个个地连接起来从而形成衔接的雨水桶链，一个装满了则可溢流到另外一个。尽管如此，雨水桶仍是雨水处理链条的第一步，是雨水离开屋顶停留的"第一站"。

从这张图我们可以看到，如何利用屋顶的雨水在温室中设置大水池。通过晚间释放热量、白天增加湿度，水池能在植物的生长季节调节温室温度。如果水池的水满溢出来，则可进入深水井或浇灌藤本植物。冬季时落水管就重新将径流导入释放至花园中。

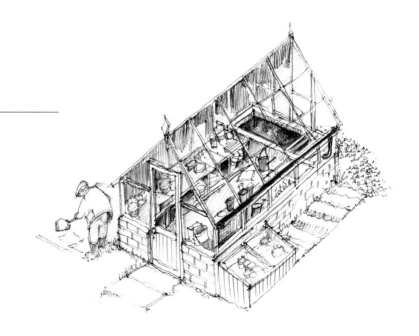

　　雨水桶不一定要放置在室外。传统的温室中，通常将雨水桶或水槽安装或修建在建筑内。屋顶的雨水通过落水管分流，经过温室的墙壁继而注入水槽中。这种将雨水收集然后利用的方法比利用自来水要有利的多。它能在最需要用水的地方及时提供水源，而无须再花费用于安装和维护自来水管道。同时，这些贮藏的水还能调节温室内的小气候环境——晚间释放热量而白天调控湿度。最后，贮藏水对于幼年植株和秧苗来说温度适宜，而自来水灌溉由于水太凉，可能会抑制植物生长。

将落水管断开能避免将水直接排入传统的排水系统。在俄勒冈州波特兰的学生宿舍项目中，从宿舍接下来的落水管将过量的水通过渠道导入植物过滤池。渠道与铺装巧妙地结合，因此不影响人的通行。

在这个例子中，落水管从建筑导流下来的水，在释放之前，流经比较长的一段路程。

案例：Joachim-Ringelnatz-Siedlung，柏林，Marzahn，德国

　　这个 20 世纪 90 年代开发的房屋项目，地处柏林，濒临一条蜿蜒的水渠。这条水渠连接了上游的一口井和水道，流经一系列的池塘，最后注入地下蓄水池，而贮存的水主要用于花园的灌溉。这条水渠中的水相对较浅，并只有大雨过后才会涨满，但它本身却就是一处很美的景观，并且是孩子们嬉水的天堂。水渠的底部雕刻诗文，当水渠蜿蜒经过园林风景的时候，渠底的诗文就会显现——无论丰水或枯水时期都要充分考虑景观的可赏性——这个设计就是最好的例证。

　　每座房屋都用一个电镀的金属雨水桶收集来自屋顶的雨水，继而提供给房屋主人使用。当水桶盛满后，各家收集的丰余的雨水将汇入一个花岗石水渠，水渠将水引出花园，流经一系列的水池和水渠后，进入中心水渠。对于所有居住者而言，这个设计为他们的个人住所和他们房屋所在的这片区域的园林建立了清晰可见的纽带。

　　公共区域的植物景观设计依然强调的是这个项目始终坚持的重要原则——可持续的景观设计。利用乡土植物甚至包括可食用的水果和浆果植物等来组织和分隔空间，并且增加了场地的生境多样性。通过在城市环境中种植可食用的植物同时能帮助孩子建立食物生产、物候变化和消费观念之间的关系。总而言之，当本地超市一年四季什么都能供应的时候，我们环境中这些简单的联系就正在消失。

从这一系列的图片中我们可以看到，每一处住宅都安装了简单的电镀金属雨水桶。住宅项目中相同细节的应用能够增强设计的统一性，同时也能在视觉上增强项目持续的野心。从容器中溢出的水将会通过一系列开敞的渠道流进一个大的地下容器，随后用于花园的灌溉。

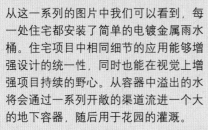

案例：NEC Gardener's World 2000，伯明翰，英国
安迪·克莱登和奈杰尔·邓尼特设计建造

第一次有机会将我们对于雨水管理、回收材料和植物应用的兴趣和新观点试验性地实施，这个示范园就是其中之一。我们试着将它建成一座属于家庭和孩子的后院或花园。由于和亲身经历有关，因此我们希望设计中不仅包括可持续发展的设计原则，并且人在其中能有超过单纯的视觉感受的体验。花园的草图显示其中有一座小型户外建筑，可能是花园管理用房或儿童游戏室。一条水渠和步道将这个建筑和一处坐憩场地及花园中的池塘相连。

我们全部利用回收的材料建造这个花园。建筑是用废旧的地板和横梁搭建而成；将回收的橡木扶手仔细地打磨平整用作观景平台；将地方当局的混凝土铺地回收，分割成小块重新铺设，创造出更有趣味的步道和露台；水渠是由木质沟槽组成。这样更加耐用，并且比塑料材料要好，将楼梯靠在上面也不会裂开。寻找一个合适的水桶成为一个问题。我们反对从DIY商店或园艺中心购买水桶，一来是因为那儿售卖的水桶都很大而且占地方，并且这样也不符合我们要充分利用回收材料的理念。在经过一番搜寻后，我们终于在朋友的后院找到一个旧塑料桶。它适合多了——太阳晒褪色的灰蓝色，最重要的是它"高而瘦"的体量刚好合适！

当我们进一步深化设计方案时，我们想要展示通过将水从池塘泵到屋顶然后进入整个系统，水是如何在花园中循环的。太阳能动力代替了电源供应，它能带动一台小水泵。而太阳能板可能是整个设计中最吸引公众眼球和兴趣的元素了。它们

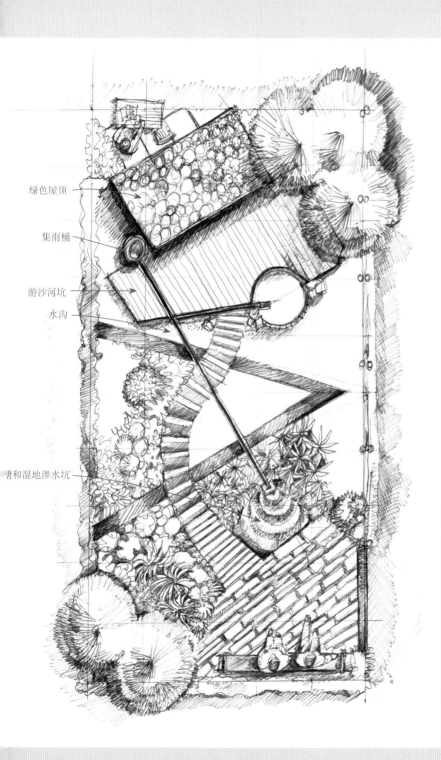

绿色屋顶

集雨桶

游沙河坑

水沟

书和湿地渗水坑

平面图展示的是通过在花园中循环的水将一座小型的花园建筑、露台和池塘连接起来。

展示园呈现了绿化屋顶、集雨桶和木槽小水渠。

从这张图我们可以看到水的独特魅力以及它巨大的娱乐潜力。一个小孩在水槽边玩耍时，正在试图阻截水流。

屋顶太阳能板创造了一个能在微风下轻轻摆动的太阳能雕塑，并且它为一个小水泵提供能量，将水从池塘泵到屋顶然后进入整个系统。

安装在植物内的弹性面板上，并且随着微风轻轻摆动。最后，花园最值得称道的是它吸引了孩童们的兴趣，这类人群往往不会留意脚下的踏步和边界的扶手。游戏沙池固然有吸引力，但花园中人群最集中的地方还是木质水渠和池塘。如图上显示的那样，一个还夹着尿片的小孩儿在水槽边玩水，这提醒设计者，孩子们有很强烈的亲水性，特别是对于流动的水。把握孩子们的这个特点，在设计中寻找更多的方法来激发孩子们玩耍和交流也应当成为设计的指导原则之一。在雨水园中流动的水可能是短暂的景观，但却可以带给使用者无穷的乐趣。夏季的倾盆大雨常常带给我们兴奋的回忆：雨水在小游道上溅起水花，不一会儿，雨水就汇集在小道的边沟形成一股小洪流。

雨水链

是什么？ 将屋顶雨水槽与地面相接的链条。

如何处理雨水？ 将雨水引导和运输至屋顶下需要的地方。水流会因为过程中的蒸发和溅出而减少。

本书中雨水链的设计包含了这样的理念——将功能性的设置转化为美学的体验。在日本，收集家庭屋顶雨水的雨水链已有上百年的历史，它们将雨水从屋顶导流至地面，并最终将雨水汇入一个大桶以供家庭使用。日本的寺庙常将大型的、具有装饰性的雨水链引入到设计当中。雨水链是将雨水从屋顶引到地面的可见的链条，它将原本平淡无奇的落水管变换成能吸引人们眼球的水景。雨水链从落水管所在的洞悬挂而下，并且固定在水槽上，链条环环相扣。一旦因为洞比链条大而出现不匹配的现象，就可以利用一个独立的装置来减小洞口，使得水流集中地顺着链条流下。同时这个装置还能提供出口管以防止水沿着非预定的渠道蔓延或溢出。

加姆·比尔住在加利福尼亚，他已建好了雨水链的专业网站以便在美国宣传推广雨水链技术。他推荐了两种类型的雨水链：链条型和杯型。链条型是最接近于原始形态的雨水链。加姆说："它比杯型的设计更容易飞溅水珠，而这是在近门处、窗边和步道旁设计时要重点考虑的特点。"这种类型常用于现代建筑中，但也可以运用在像小木屋这样质朴的建筑形态上。杯型相较于链条型在性能和效率上都更胜一筹。由于杯底开口，它们就像烟囱一样，集中地将水由一个杯子引流到另一个杯子。

雨水链将屋顶雨水槽与地面相接。尽管已具备视觉上的效果，但大雨时水流沿链条飞溅的情景也能为景观增添乐趣。因此日本的寺庙当中使用雨水链就不足为奇了。

（加姆·比尔拍摄）

杯型或链条型雨水链。

即使是大雨倾盆，杯型的链条也很少会将水飞溅地到处都是，因此，其适用的范围更广。

在日本，人们常在链条下放置一个陶瓷或石质的容器，下雨时容器中就能充满水。水从链条中注入容器，创造了一处时刻变化的水景。雨水链可以看作是落水管的替代物，它将雨水从屋顶输送下来然后进一步的加以利用。

出水口和水沟（小溪和水渠）

是什么？ 出水口是指雨水离开雨水链或落水管时的出口。而水沟是设计有步道或露台的浅水水渠。

如何处理雨水呢？ 出水口能将水的流速放缓，并可以在任意改变水的流向之前将其汇集。水沟则在雨水排放入雨水链之前，将水运输经过特定的铺装场地。

雨水链和落水管与地面之间的衔接是很重要的一个环节。在雨水链的这个环节上，可以利用水的能量产生很多意想不到

我们常能从一些精心制作的物体上获得设计的灵感。这个设置在有石栏杆的踏步旁的喷泉式饮水器（左图），也许能成为出水口设计的模板。

荷兰菲尔森附近的Westeveld 公墓。收集自屋顶的雨水通过一根狭长的金属管导流排出屋顶，并自由跌落至下面的水池。跌水使空间和池塘景观更加生动，并且水跌落的声音能遮盖其他嘈杂的声音。

（简·伍德斯塔拍摄）

的效果，比如声音、乐章和戏剧效果。无论是再利用的填满砂砾的石槽还是制作精巧的铜盆，各种各样的能找到或制造的物体都能用以创造独特的细节效果。这些容器与顺着落水链急速而下的水流相匹配与否均有可能，甚至它也许仅仅是铺设在步道上的一条浅沟。水流也可能形成一洼水池以确保在雨水逐渐减少时仍能形成缓慢落下的水滴。相反，水流还能从具有一定高度的水槽释放而下，伴随着动听的声音落入水塘或大水槽。而这些细节恰能唤起人们对于中世纪教堂的回忆。

在大多数建筑周围都有一些硬质铺装区域，包括人行道、露台或停车场。为方便，也为冬季的安全起见，这些场地通常排水良好并且不积水。在雨水园中，来自屋顶的雨水要流经这些铺装表面，并且不能简单地将其导入传统的地下排水系统。在雨水返回雨水链之前，可能要用管道引流地表以下的水。尽

水沟是将地面的水
导入排水系统最普
遍的方法。

利用大型的预制混凝
土结构单元，能够铺
设出与周边铺装环境
更有机结合的水渠。

喀麦登威尔士植物园中
的一条顺着小路弯曲而
下的水沟。

管这样做可能不符合雨水管理的精神，也有可能会失去使该场地富有活力的大好机会，但是此举会使排水系统的维护更加简单。因为地表的浅沟只要扫清树叶即可，但地下管道却需要利用特殊的清理设备才能保持清洁。而浅沟同样可以用于人行道、露台和屋顶的排水。

水沟的营建有许多方式——可以在施工现场建造或者在建筑批发商处订制成型的水沟构件。在很多城市可见硬质铺装场地均包含有标准的排水浅沟，它们能将地面水导入至排水网（见第89页左上图）。这样的方法可以用在本土环境中，却会失去创造新颖而有特色的环境的机会。

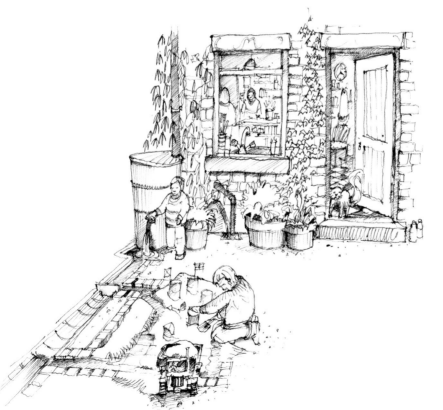

水从雨水桶中释放出来，或流入沙池，或流入花园进行灌溉，或注入水池。

　　如果地面是用标准的铺装方法铺设的，如混凝土及烧结黏土砖或平滑的天然石材等，那么保持排水沟直线排布就会简单很多，这样一来就能减少为顺应渠道而切割的铺装材料。有组织的形态更适宜于用预制的铺装单元铺设的标准硬质场地，蜿蜒的水沟最好是在现场铺设，例如可以利用卵石或小块麻石在混凝土上铺设出平缓的水沟。第 89 页的图片展示的是位于喀麦登的威尔士植物园中的一条顺着小路弯曲而下的水沟，该图还诠释了人们是如何在水沟边玩耍嬉戏的。

　　前面提到过，在雨水园中有很多不同的途径吸引人们玩耍。浅水沟就是理想的机会来引导人们进行别出心裁的游戏。在这里水是流动而安全的。当然还可以通过安装龙头以便能让孩子们自己控制从落水管释放入浅水沟的雨水。水沟可能只是临时"水坝"或导水沟，当它们干旱时，则可以被孩子们当成是玩具汽车竞赛的车道或玩弹珠的天堂。水沟还能用作露台和其他游戏场地的连接物。例如第 90 页图中所示的是露台中的一处沙池，当水从水龙头放出来后导入至沙池。

　　水沟还能以一种更实用的方式利用起来。在西班牙 Cordobra 清真寺的摩尔式花园中，水通过一系列的渠道引流至鹅卵石露台上的每一株橘树。水是稀缺而有价值的资源，理应很好地利用起来。水流可以通过小溪里插入槽中的木板来控制和调节。该调控水流的技术在类似阿勒普耶罗斯山坡上的村庄这样更大尺度的范围内可以适用，当然也可用于我们自己的花园当中，水可以导流至花园的不同区域。还有一种方式就是将水沟改造成为一大片浅水槽，以便其能临时性地蓄积雨水。这也许是夏季浇灌干旱的盆栽植物的理想解决方案。

　　即便是不希望在铺装表面出现水沟，同样可以保持水流在

西班牙王宫的花园中，水在人行道间的水渠中流淌，连接着每一个节点，并且引导着游人穿越花园。

在西班牙 Cordobra 清真寺的摩尔式花园中，水通过一系列的渠道引流至鹅卵石露台上的每一株橘树。

流水形成，并且水渠能使水流动从而增加水的含氧量。与此同时创造了富有趣味的声音和节奏。

雨水并没有直接进入排水系统，而是流淌在踏步旁的水沟中。

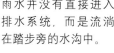

案例：锡达河流域教育中心，西雅图，美国

　　靠近西雅图的锡达河流域教育中心水流设计的灵感来自于雨水汇集。该中心是一所以提高环境教育为目的的研究机构。水从建筑的绿色屋顶流入一个铺设着鹅卵石的圆形水池（这个细节会让人联想到夹带着大石头的水流冲积塑造河床的过程）。接着雨水将进入在开敞的庭院中蜿蜒的浅水沟。

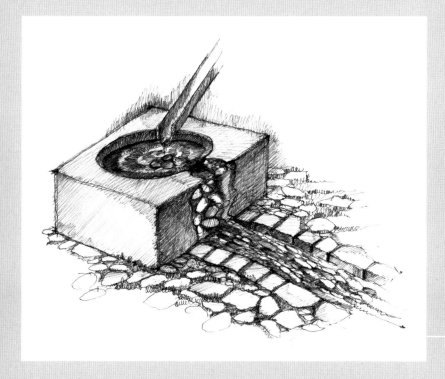

锡达河流域教育中心的水流设计既实用又新颖。设计灵感来源于当地的环境，同时也达到了教育的目的。水池用混凝土浇筑，并在其表面凿出出水口。

在柏林的一处住宅项目中，将落水管的水通过浅沟引流至栽植有灌木的渗透式种植池。

该项目中地势较低的地方被巧妙地应用于收集并临时贮存过量的雨水。但在大多数时候，该草坪还是用作休闲功能。

地表。水沟表面可以用栅板覆盖，也可以将水通过铺装表面一系列狭小的缝隙过滤。

雨水种植池

是什么？ 能够截取来自屋顶雨水的位于地面的种植容器。

如何处理雨水？ 通过渗透、蒸发、蒸腾作用和贮存以减少雨水径流，同时也使某些污染物减少。

首创于俄勒冈州波特兰的雨水种植池是雨水管理体系中最令人振奋的产物。它们实质上就是地面上的一些箱子，在植物生长的部分填有种植土。富有启发性的《波特兰雨水管理指南》称它们是"景观化的蓄水池"（《波特兰城市》，2004年）。

除了减少污染物外，这些种植池还能调节来自建筑的雨水总量和流速。它们最大的优势是可以直接建在建筑对面，所以适用于小尺度的环境。此外，它们能和建筑设计合二为一并且满足商业、住宅和工业的景观要求——结构墙的设计可以纳入建筑地基的设计范畴。它们还将植物栽种带入小尺度环境中，并且为美国家庭中普遍存在的栽植方式带来了另一种富有创意的改变。在大尺度环境中，要将趣味性和经济性并存的植物栽植融入到商业或住宅环境中是一件困难的事情——大多数的植物栽植是单调而无趣的，仅仅由几种常用的灌木和地被草本植物构成。雨水种植池能够提高设计的视觉效果和舒适程度，并且由于它们在环境效益和工程上的贡献，使得它们在小区项目中成为必不可少的一项内容。景观设计师们常常努力地说服顾客们在单纯以美学价值为目的的植物种植上的花费是合理而必要的。如果规划设计权威当局能努力推广这种雨水管理的方法，那么对于开发商而言，就有积极的动力采纳该技术。那设计者就能合理地应用目前沉闷的城市环境中缺乏的丰富多样的植物素材了。

落水管将屋顶的雨水直接导入到雨水种植池。最初水流会渗透进种植池的土壤中，如果水流速率超过了渗透速率，则积水就会漫过种植池。这种储存的方式能减缓水流。多余的水漫过种植池进入雨水管理链的下一个环节，或者直接进入传统的排水系统，或者简单地渗透进入种植池下层的土壤之中。

《波特兰雨水管理指南》一书中指出，如果种植池采用比要求更大的建筑面积，则种植池的深度至少要达到30cm，否则最小深度应不小于45cm。如果种植池毗邻建筑的建构层，则还要特别注意防水的处理。根据尺寸、深度和周边环境的不同，种植池内可以栽植大型灌木和小型乔木。但是大多数情况下，人们都是采用小型灌木和地被植物，至少有50%的面积是由草皮或草本植物覆盖的。如此设计的目的是使雨水在种植池中滞留的时间不超过12h——最好能在2～6h内排出。这样可以防止不利于植物生长的长时间水淹和厌氧环境的产生。在植物品种上应选择一些能耐受周期性水湿环境的品种，但又不能选择水生植物，因为种植池并不是永久性的水湿环境。

种植池有两种构建形式：渗透式种植池能使水直接渗透进入下层的土壤，而流入式种植池则直接将水导入标准的排水系统或排水链的下一个环节。

渗透式种植池直接拦截来自屋顶的雨水。铺设的石头和卵石消散了水的能量，以防止水流对土壤的冲刷及土壤流失。雨水在逐步释放进入地下水之前，会临时贮存在种植池基部的土壤和沙砾层中。如果注入种植池的水量超过了渗透量，多余的水漫过种植池进入雨水管理链的下一个环节。

流入式种植池相当于一个
封闭的容器，通过蒸发或
排放至排水链的下一个环
节将雨水逐步释放。在种
植池内安装一根与种植池
等深的排水管，将多余的
水导入标准的排水系统或
排水链的下一个环节。

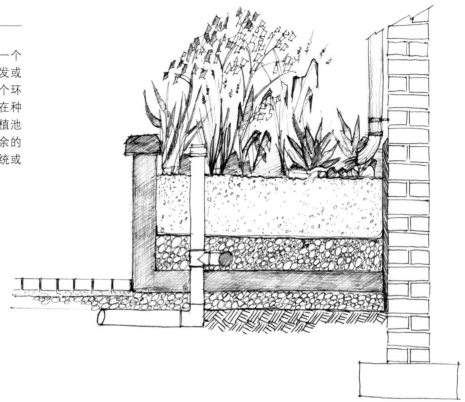

　　雨水种植池不仅仅是为雨水管理和植物栽植创造了机会，
同时它也为我们组织和处理户外空间提供了灵感。第 99 页的
草图展示的是一个露台的设计方案。在该方案中，雨水池不再
是沿着建筑边缘设置，而是设计到了花园中间，围合出露台的
边界。这样就创造出了一处由植物围合的更具掩蔽性和私密性
的坐憩空间。草图还显示了从种植池中溢出的水是如何进入水
池的。如果要考虑到房屋的防潮问题，则可将种植池设置在离
建筑不远的区域。根据我们服务年轻家庭的经验，抬高的种植
池能保护其中的植物免受激烈的球类运动的伤害。

　　前面我们介绍的雨水种植池都是非常正式而规则的。为什
么不尝试尝试那些更加灵活的流线型呢。

雨水种植池能够在建筑的基部营造丰富的植物景观。与绿化屋顶相结合，有效地减少了场地的雨水径流。

（汤姆·利普顿拍摄）

雨水种植池的出水口细节处理。落水管将水直接排入种植池。

大雨过后，雨水种植池临时储满了水。

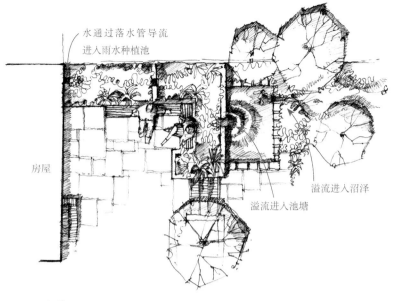

水通过落水管导流
进入雨水种植池

房屋

溢流进入沼泽

溢流进入池塘

雨水种植池能在房屋附近
营造出户外植物覆盖空
间。休息长凳紧临种植池
边围。来自屋顶的水通过
种植池后注入水池，从水
池溢出的水则会注入花园
中的沼泽。

雨水收集池

是什么？能够收集来自屋顶或其他表面雨水的大型容器
或水箱（常常放置在地面以下）。

如何处理雨水？通过贮存的方式来减少雨水径流总量。

雨水收集池的本质就是收集和贮存雨水以便利用。这是一
种古老的概念，源自于世界上很多干旱地区在干旱季节收集和
利用雨水的方法。即使是很小的屋顶也有可能收集大量的雨水，
如果不这样做的话，这些水将直接进入排水管道。而这一项技
术在很多地区也越来越具有经济上的可行性——以英国为例，
自来水公司不断地提高供应水的价格，并且由于水资源短缺而
经常性地颁布家庭灌溉的禁令，甚至会随着使用量的增加而提
高水价。和雨水桶的概念类似，雨水收集池就是将雨水大规模
地收集，并广泛地利用起来。

雨水收集的程序包括将雨水从房屋、车库、天台的屋顶收集
起来，过滤、澄清，然后贮存。这些非饮用水源可以用作灌溉花园、
冲洗厕所、洗车或机器等。收集的雨水会经过一个过滤器以便将

其中的有机物质、树叶、泥沼、鸟粪等物质清除干净。如果屋顶的雨水不能利用，那么停车场或其他倾斜的铺装表面，甚至用塑料或其他不透水材料铺设的特殊表面上的雨水均可以收集利用。

既然家庭用水已逐渐朝着利用收集雨水的方向引导，那么很显然，在英国这样的气候条件下，完全有可能利用收集的雨水来满足非饮用水的需求。在一个典型的英国家庭中，这相当于节省了大约 50% 的自来水开支。一个家庭雨水收集系统大约花费 2000 ～ 3000 英镑，维持运行的费用约为每周 5 ～ 10 便士。以目前收取的水费情况来看，这相当于一个大型应用仪器三年的投资回报。由于雨水是贮存在黑暗条件下的，因此有效地杜绝了大叶性肺炎病菌的发生。

可以将贮水池埋在地下（常常仅在新建的房屋中可行），也可以独立设置。独立放置的贮水池一般由玻璃纤维或聚乙烯制成，它们多是实用而不美观的。因此，常常对其表面进行喷绘或用木质栅栏遮掩等艺术化处理。而在美国的一些地区，金属电镀制成的"油罐"很受欢迎，因为它能给人一种回归传统的感觉。

在美国得克萨斯州的奥斯汀有一家倡导雨水收集的服务中心。发烧友道格·普夏陈述了他选择雨水收集系统的理由，"虽然我采用了滴灌系统来灌溉小花园，但是植物在炎热而漫长的夏季仍然会耗费大量的水。"奥斯汀每年的降雨量约为 81cm（32in），平均每月的降雨量为 5 ～ 12cm（2 ～ 5in），"我们完全不用担心雨水资源的供应，但问题是，雨水的分布不均匀，时而洪涝，时而干旱。"

道格估计他平均每月的户外用水量为 3785L（1000 加仑）。他的雨水收集系统利用环状落水管接头将排水沟和胸径为 10cm（4in）的地下管道相连接，首先将水导入过滤池，再进入贮水池。固定在混凝土基座上的玻璃纤维贮水池能够蓄积约 15000L（4000 加仑）的水。"虽然这不能满足我们家全年的日常用水，但每月也提供了相当比例的水量。"

道格·普夏和他的家庭雨水收集装置。

（道格·普夏拍摄）

案例：Folehaven住宅小区和Hedebygade住宅大厦，哥本哈根，丹麦

雨水收集利用技术的应用是丹麦城市房屋重建项目的一个关键特点。在哥本哈根的 Folehaven，一所服务当地将近1000 户住户的公共洗衣房被改造成为绿色洗衣房。而改造后该洗衣房最大的特点就是将收集自屋顶的雨水过滤后充分利用以提供洗衣机的用水所需。

这是该技术大规模使用的典型案例，当然，它同样也可运用在一系列小型的改造项目上。地处哥本哈根中心区域的 Hedebygade 住宅大厦就被列为城市改造项目的一部分，主要着重于可持续性的设计技术的应用。2002 年修复完成的建筑和中心庭院均采用了一系列可持续性的设计，诸如太阳能供暖、垃圾循环利用、雨水收集等。在住宅大厦居民们共同拥有的中

住宅建筑围合的中心庭院平面图。从屋顶和硬质铺装表面收集的雨水通过水沟运输到庭院中的滞水园。水通过渗透后贮存在地下水池中，用于提供庭院中心公共建筑中洗衣机的用水所需。

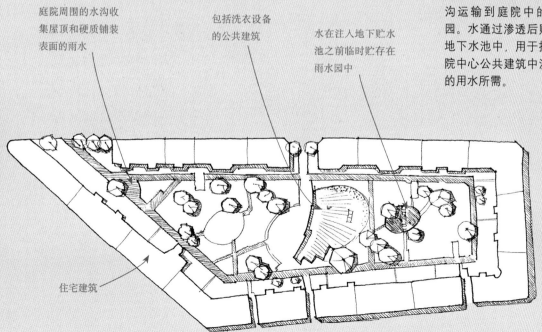

庭院周围的水沟收集屋顶和硬质铺装表面的雨水

包括洗衣设备的公共建筑

水在注入地下贮水池之前临时贮存在雨水园中

住宅建筑

心庭院中，新建了一处社区活动中心。该中心包括社区休息室、厨房和洗衣房，而其中所使用的水则是通过管网将屋顶和铺装表面的水收集进入地下贮水池。在雨水进入贮水池之前，会先汇入一处铺设有碎石、石块并栽种有植物的浅池。虽然它看上去像一口小池塘，但其实已经干涸了很多年。公共资源的利用不仅仅实现了有利于环保的水管理技术，而且将一些既占空间又耗费能源的项目，诸如洗衣机和烘干机，从空间有限的公寓中移除了。

屋顶和铺装表面收集的雨水进入水沟。

Hedebygade 住宅大厦中的公共建筑。雨水过滤后充分利用以提供洗衣机的用水所需。

水在注入地下贮水池之前临时贮存在雨水园中。

（安娜·约根森拍摄）

雨水渗透

渗透性铺装

是什么？ 铺装的材料和结构能够促进雨水的吸收和积雪的融化。

如何处理雨水？ 减少地表径流总量并且降低污染物含量。

本书的主要目的是介绍景观绿化的技术和应用。因此并没有着重于硬质的表面和材料。然而，渗透性的铺装表面对于增加景观的渗水性是很重要的一个方面，并且在一些情况下也增大了植物栽植的可能性。简而言之渗透性铺装或混凝土表面的区分是，一个能让落在其上的雨水部分地渗透下去进入土壤或地下水，另一个则是将全部的雨水直接导入排水系统。有三种利用方式：

● 使用透水性铺装材料。松散的聚合材料是最好的选择，例如石屑和砾石。如果铺装表面要承受一定的负荷或要求足够坚固，则可以使用模块化或网格状的铺装形式。这些组合铺装的缺口或缝隙可用细沙或土壤填实。也常常在这些铺装表面撒播草种，以便形成更加坚固的绿色表面。在需要耐践踏或偶尔过自行车的草坪上铺设网格状塑料铺地砖是非常有效的方法。这些网格能够防止植物的根系免受伤害，同样也能防止不利于雨水渗透的土壤板结现象的出现。当然，透水沥青或混凝土同样能达到这样的目的。

● 铺地砖之间非硬质化接缝。雨水被阻隔在铺装表面的一个
　主要原因是铺装单元之间没有可供雨水下渗的空隙。这些
　缝隙往往是利用水泥砂浆填实。让雨水渗透的方法有很多：
　敞开这些缝隙，或将铺装拼接紧实以将缝隙最小化，或者
　在缝隙中填充细沙之类的松散材料。可渗水性铺装系统比
　较容易堵塞，因此需要增压清洁，而带缝隙的铺装相对而
　言更好维护。

● 铺装的基础。相较于水泥砂浆和混凝土这类刚性的、连续
　不透水的铺装基层而言，利用透水性的材料作为基层是可
　取的，例如细沙、碎砖垫层（碎石或回收利用的砖块、水
　泥块等），有些时候甚至利用下层土作为基层。对于在一般
　花园中的园路而言，只要承重和磨损不是特别严重，按照
　教科书上设置碎石垫层和水泥砂浆基层是没有必要的。如
　果使用厚重的铺装材料，则可直接铺设在夯实的素土表面
　或铺沙的基层上。在这种情况下，周围的植物的根系就能
　生长在凉爽潮湿的地下环境中。

网格状铺装能够防止植
物的根系免受伤害，同
样也能防止不利于雨水
渗透的土壤板结现象的
出现。

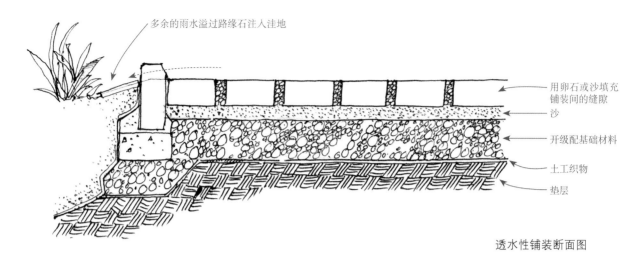

多余的雨水溢过路缘石注入洼地

用卵石或沙填充铺装间的缝隙

沙

开级配基础材料

土工织物

垫层

透水性铺装断面图

　　透水性铺装材料有利于植物生长主要表现在两个方面。雨水通过渗透能够直接灌溉植物——这是非常有利的，特别对于那些栽植的铺装表面的树木而言更是如此（如下图所示）。但更有趣的是，植物能够在铺装间未硬化的接缝中生长起来。实际上，可以通过播种低矮或攀缘植物来填充这些铺装缝隙。在交通压力比较大、使用较频繁的铺装场地中，最好不要栽植植物，而在较少使用的铺装场地则可以让植物生长。用这种方式就可以在植物栽植和场地使用上取得最佳平衡。

爱尔兰国立考克大学校园中栽植在铺装地中的树。这些成年树周边采用在卵石上铺设钢筋网格的方法保护根部。这样就能减少由于行人的踩踏对土壤形成的压力，同样能促进根部水以及氧气的交换。在边缘的保护柱用来防止自行车的进入。

柏林的绿色停车场。密植的树木能部分遮住汽车。在交通不繁忙的场地中，透水性的铺装能允许植物生长，而较少的人工干预促成了野生花卉的生长蔓延。

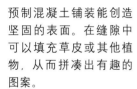

预制混凝土铺装能创造坚固的表面。在缝隙中可以填充草皮或其他植物，从而拼凑出有趣的图案。

景观化洼地

是什么？ 种植渠道或线型低洼地。

如何处理雨水？ 洼地能临时储存和移除径流雨水，从而减少小到中大雨时的径流总量和流速。同时具备滤除一定污染物的能力。

洼地是地面上浅而长，且用于收集雨水径流的低湿地。作为传输雨水的方法之一，它们的主要作用也是使雨水能够渗透进入地下，同时使污染物沉淀并滤除。设计洼地的主要目的并不是长久地储水，而是能在暴雨时促进雨水的收集并且能储存一段时间（几小时或几天），以使雨水能渗透进入土壤或进一步传输至滞留池。沿途等距离设置拦沙坝相较于急流时能更好地积水和渗透。特别当洼地是处在坡地上时，拦沙坝能够减缓坡度以防止过量的径流导致的水土流失。

柏林波茨坦广场
的水渠，从周边
办公楼的屋顶收
集雨水。

石块铺设的观赏洼地中种植了
大花萱草（*Hemerocallis*），促进
了雨水的渗透。

德国斯图加特的一个公
园中，跨越一片湿地的
木板桥。

　　洼地在储水和供给周边景观环境的用水方面的作用是非
常明显的。同时，它们也是促进花园、商业住宅小区和停车
场、街道、高速公路等周边雨水资源收集利用的最有效解决
方法之一。洼地沿岸丰富多样的灌木、乔木和多年生草本以
及野花草地能够防止其中的水分蒸发，同时洼地也能灌溉这
些植物。

　　洼地的要点在于它们是相对狭窄的：较宽的低湿地则称为
水池或水塘。《波特兰雨水管理指南》一书中指出雨水贮存池的
深度约为15cm，在私人花园或商业住宅小区中宽度最大不超过

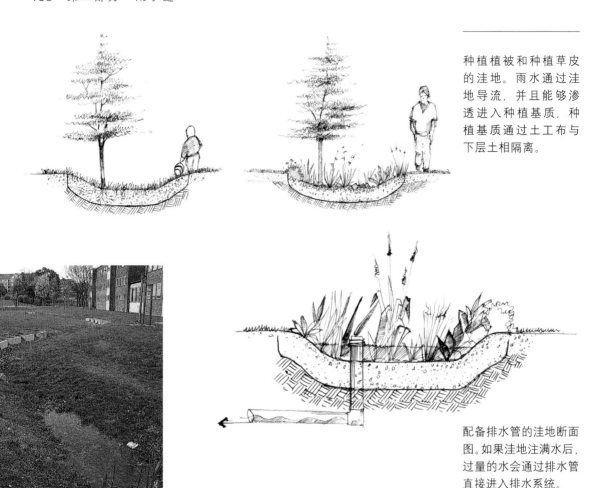

种植植被和种植草皮的洼地。雨水通过洼地导流，并且能够渗透进入种植基质，种植基质通过土工布与下层土相隔离。

配备排水管的洼地断面图。如果洼地注满水后，过量的水会通过排水管直接进入排水系统。

瑞典马尔摩的奥古斯特堡，一条草皮洼地蜿蜒在通过生态翻新的住宅区中。方形的混凝土种植池用来栽种较大的植物。

60cm，而像高速公路沿线这类公共绿地中的洼地宽度以不超过1.2m 为宜。如果基地中的土壤是渗透性相对较差的土壤类型，如重黏土等，那么则可以在表层掺加砾石、砂粒、多角砂等。洼地较浅区域的种植方式有两种：种植植被和种植草皮。种植植被的洼地的主要功能是促进雨水的渗透以及丰富植物景观：乔木、灌木和多年生草本植物。自然的草甸植物群落是最合适的选择。如果要促进水流动，种植草皮的洼地则会更好。木本

瑞典 Västerås 的一处公园，池塘溢出的水注入观赏性洼地中。

洼地中密植了石灰绿色的软羽衣草（*Alchemilla mollis*）、笔直的（*Ligularia stenophylla 'The Rocket'*）"The Rocket"和紫色的千屈菜（*Lythrum salicaria*）。

大雨期间，洼地中过量的水通过排水管排出。

植物常常生长在渠道之外。《波特兰雨水管理指南》一书中提到两种种植方式都应提倡使用本土草种和野花材料，并且应该无须修剪维护。如果一定要修剪，一年也不应超过一次——自然式的洼地比修剪整齐的洼地效率更高（利普顿，2002 年）。不管怎样，公共场所的维护和管理应主要用于清除垃圾和废弃物。

英国采用的洼地设计则截然相反。它们的洼地一成不变地由修剪整齐的草地构成，导致了不自然的外观和极小的栖息地价值（同时需要较高的维护管理成本）。毫无疑问，对于洼地作用的误解（最普遍的设想是将它们定义为雨水传输的工具）、强调保持公共绿地中的整洁以及设计师只专注于设计的过程等因素导致了这种毫无创意和想象力的设计的出现。在波特兰进行的实验显示，以草甸植物群落的形式配置栽植本土草种和开花植物的洼地能够将流经其中的 41% 的雨水保留下来。而单纯地铺设了低矮草皮的洼地则只能保留27%（利普顿，2002 年）。有多个可能的原因能解释这个结果——较高的自然植物群落在很大程度上能阻碍径流，而植物的根系也更加发达从而增加了土壤中的有机物含量，同时提高了土壤的含水量。同样地，本土植物对于污染物的净化能力较强，草皮能净化水中 69% 的悬浮固体，而本土植物的这一数值达到了 81%。如果你正考虑在自己的花园中设计一处种植草皮的洼地，那么请先检查洼地剖面是否太陡，以确保剪草机的刀片不会损坏洼地表面。如果担心水流会溢出洼地，则可考虑使用与主要排水管网相连的排水管道进行排水。

洼地是大尺度景观地形的一部分。抬高的区域或坡地都能使雨水流入洼地。而特别设计的为使雨水排入洼地、抬高的种植区域就是大家熟知的护坡。

案例：Crossing 牧场，芝加哥，美国

　　Crossing 牧场是位于美国伊利诺伊州芝加哥西北 65km 的一处"保护社区"。基于节能建筑、增强场所的识别度、利用火车取代汽车促进公共交通等方面的要求，社区在保留自然景观和提供具有本土风格的居住建筑上取得了平衡。小区由 359 幢独户住宅和 36 幢公寓组成。与一些常见的在等大的地块上建设上千户住宅的情况相比，这是一处低密度的小区。Crossing 牧场还包括一座有机农场、学校、社区会议厅以及购物中心。

　　小区面积约 280hm^2，其中 70% 的用地作为开放空间——实际上，购买这片土地的初衷就是为了保护环境敏感的土地不会受到无序开发的侵害。开放空间主要设计用于雨水管理，并

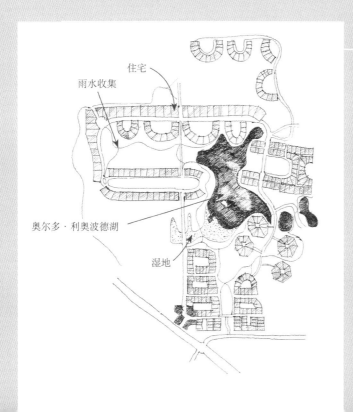

芝加哥 Crossing 牧场平面图。牧场中的穿过住宅区的奥尔多·利奥波德湖收集周边区域的雨水。

且不会使用混凝土暗渠和人工排水系统。在 Crossing 牧场的中心位置是一片面积约为 $9hm^2$ 的奥尔多·利奥波德湖（以一位传说中的自然资源保护主义者的名字命名）和一系列相互邻接的湿地。"雨水链"使雨水慢慢地逐渐消耗而不是通过管道排干。来自购物中心外住宅区域的雨水径流被排入汇水洼地，其中种植有本土草种以及湿地植物。这些洼地是雨水处理链的最初构成部分，将来自道路和住宅区中的雨水径流导流至广阔的草原，同时也能促进雨水的渗透和固体污染物的过滤。

芝加哥 Crossing 牧场

案例：柏林大街88号，柏林伦多夫区，德国

　　项目包括了住宅街区中 172 处住宅，均介于 2 ～ 6 层楼高。其中三分之二用于社会租赁，而三分之一属于私人所有。该项目于 1993 年建成，包括一家日间托儿所、社区会议厅和公共绿地。它是至今为止在喧哗的城市环境中营造一处自然式建筑周边环境的最佳案例之一。

　　雨水从屋顶收集起来，通过过滤和紫外线照射后，储存在地下贮水箱中——这些水可以用作诸如花园浇灌等非饮用功能。过量的水则排入收集池中。尽可能地使用渗透性铺装材料。一台风力涡轮机和太阳能电池板能够为水泵提供动力，以将池中的水泵入中心的溪流，而这也成为一处居民们喜爱的水景。在 20 世纪 90 年代末作的一项调查中，居民们觉得这块场地像是专为孩子们特别设计的一处大型的无车场所。

在德国柏林大街 88 号，将池中的水泵入中心的溪流的源头，通过喷泉的形式展示出来。

水流通过小溪进入场地的主要部分，随后汇入收集池。

小溪或洼地看起来自然，但实际上都是人工营造的。不管有水与否，它们都能吸引孩子们靠近或在其中玩耍。

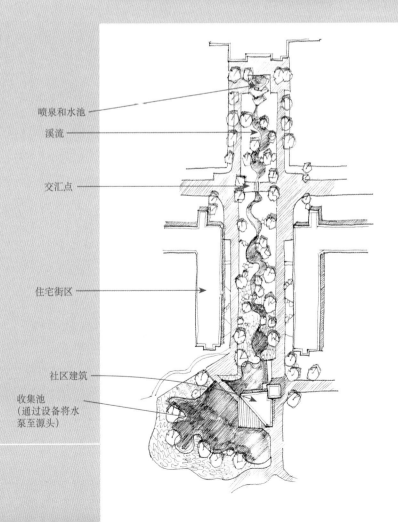

柏林大街
平面图

喷泉和水池

溪流

交汇点

住宅街区

社区建筑

收集池
（通过设备将水泵至源头）

柏林大街。儿童在溪流边玩耍。

收集池贮存从铺装表面收集的雨水。

洼地在居住环境周边有两种特别的应用形式：街道洼地和停车场洼地。

街道洼地

雨水管理体系中最令人兴奋的发展之一就是街道洼地的设计——收集街道雨水的小型景观。特别有趣的是，它们看起来像欧洲城市常见的缓解交通压力的道路分隔带。这是否意味着能够在街道结构上将植物种植和雨水管理结合起来，从而设计出真正意义上的绿色街道（特别是在住宅区附近）？

俄勒冈州波特兰，街道的水直接注入街旁种植洼地中。

停车场洼地

　　大多数的停车场都是利用抬高的路缘石来界定停车位的，有时也通过树木。这些大规模的铺装场地可以用降低的植物种植区域取代。雨水从停车场汇入洼地。而植被能够过滤来自于铺装场地的径流中的污染物。石灰岩碎屑堆砌的边缘能够在雨水汇入洼地之前阻隔其中的任何油和汽油等污染物。同样地，停车场洼地也能在花园和庭院前的家庭车道和停车坪的周边设置。

停车场洼地能使原本不具备吸引力的场地成为植物景观丰富美丽的地方。

（汤姆·利普顿拍摄）

在停车场周边的栽植植物的洼地。一些水会穿过透水性铺装场地注入洼地之中。在小前院中，地面吸收雨水的能力是有限的，就可以通过洼地中的排水管将过量的水排入排水干管。

包含了小巷停车坪的前院设计平面草图。设计试图在停车、行人通行、植物栽植和雨水渗透这几项需求中取得平衡。保留了原有的大树，因为它们对收集雨水有积极作用。

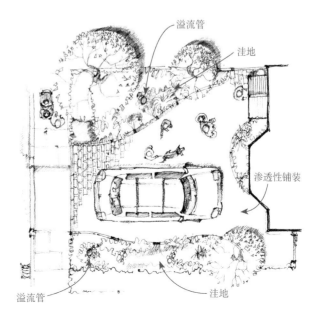

溢流管

洼地

渗透性铺装

溢流管

洼地

滤水草带

是什么？ 缓坡种植区域。

如何处理雨水？ 接受来自于毗邻的不能渗透的铺装表面的雨水，减缓径流速度，阻滞沉淀物和污染物，减少小雨时的雨水径流总量。

由于坡势平缓，因此滤水草带能够充分利用花园或园林当中的开放空间。它们的主要功能是吸收毗邻的不渗水铺装表面的径流，拦截快速流动的水并将之扩散至更大的表面，从而打断水流。滤水草带能够承接断开的落水管导下的雨水。尽管混合栽种植物能够促进过滤和去除污染物，但普通的草坪就能达到此目的。而草带越宽越好。滤水草带发挥作用的基础是水成片地流经此地，因此阻止集中水流的形成是很有必要的。所谓的"水平分散"就能均匀地分散水流——在滤水带的前沿采用简单的砾石填充沟槽的形式。滤水草带和洼地的主要区别在于滤水带具有一定坡度，并且最终是为了分散水流而不是收集雨

来自于毗邻的不能渗透的铺装表面的雨水，流经草坪，最终通过砾石填充的沟槽分流到滤水草带和林地。

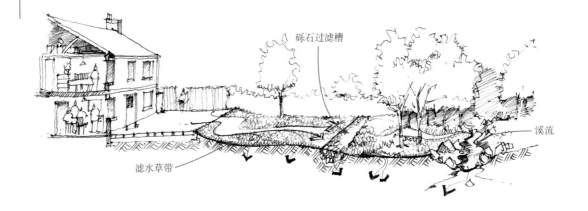

砾石过滤槽

溪流

滤水草带

案例：唐纳泉水公园，俄勒冈州波特兰，美国

设计：Atelier Dreidetl／Greenworks PC

　　唐纳泉水公园位于波特兰充满生机的中心区域，是通过之前的工业用地改造而来。公园地处棕色地带，但该地在发展工业之前是一片湿地。公园设计的目的之一是重新诠释该地作为湿地起源的历史，并且恢复水体和湿地生境作为公园的主要景观。公园最高处包含了典型的公园景观要素，例如草地、乔木和种植床等，从最高处开始放坡，经过大型的程式化的草垫、

唐纳泉水公园平面图

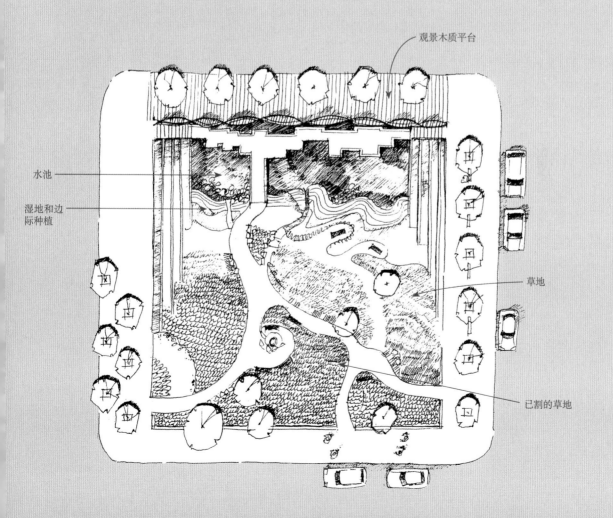

观景木质平台

水池

湿地和边际种植

草地

已割的草地

收集自周边区
域的雨水通过
植物层层过滤
后，最终注入
一个浅水池。

湿地、边缘种植区到浅水水体。植物种类的变化反映了立地环境湿度由干到湿的变化。水从水渠或溪流中泵入主要水体。平静而自然的湿地景观和植物栽植有时能够通过公园中的雕塑突出和加强。例如之字形的漂浮码头、以铁路轨道为原型的波动的景墙都能唤起人们关于这块场地的记忆。

公园收集来自周边街道和铺装地面的雨水，在最终汇入开放的水池之前，通过倾斜的种植区域（滤水草带）进行吸收、渗透和过滤清洁。

水。因此，滤水草带可以导向洼地。在商业环境中，如果地表水被重金属污染，例如高速公路服务站的停车场和加油站等，则可在滤水草带填放研碎的石灰石。这些石灰石能帮助阻隔油料、汽油和重金属。

滞留池

什么是滞留池？ 就是防渗透的池底能够长时间地保存水。但滞留池的水分也可能会通过溢往湿地或者蒸发而散失。

那么如何处理雨水呢？ 池塘是雨水链中最后的环节之一，为径流提供最后的去处。它的一个重要的功能就是去除污染物。

池塘是雨水链中最为常见的一个元素，并且常见于居住景观中。然而，即使在这里，滞留池和本地普通的池塘也有着本质上的区别，因为它们被设计用于储存雨水径流，额外的流入池塘的径流会取代池塘中原有的水。这意味着池塘的水平面将会持续地上下波动。当一个池塘已经达到最大承载量时，任何流入的径流都将把池塘中原有的水排出池塘外，所以很有必要设置一个常规的溢流装置。

由于自然的湖泊和湿地的水平面并不是一成不变，滞留池便是模仿了它们的动态。包括从提供野生动物栖息地到美学价值和环境改良多重功能。这些复杂的功能可以通过尽可能多的种植来加强。虽然频繁变化的水位对于私家花园来说，也许是一个危险的信号，但对于一片池塘而言是一个完全自然的现象，而且事实上它也为野生生物创造了最好的机会。

滞留池中将包含一片永久水域，该水域在大暴雨时扩大，在此后一段时间维持在相对稳定的状态。同时，滞留池通过沉降和生物净化实现去除污染物的功能。

被相对广泛地运用于大区域和公共景观中的，是一种在干旱季节干涸而在暴雨时注满的"干涸滞留池"。由于它们不像拥有永久水域的池塘那么具有吸引力，所以更应该重视堤岸的视觉效果：无论如何，它们不适用于较小的私家花园，除非采用低洼地的形式，能短暂地被水淹没，并能提供多种用途的平缓草坡。一个更好的解决办法是在滞留池池底种植能够耐周期性洪水和水淹的植物。实际上就是建造了一个雨水花园，这些将在后面进行详细论述。

小池塘在保护和提升生物多样性中起着至关重要的作用。例如在英国，池塘维持着三分之二的英国本土的湿地植物和动物的生存（威廉姆斯等，1997年）。在现代景观中，建造新池塘和湿地是模拟池塘通过一系列演替而变成林地的自然过程；换句话说，池塘很少会永久存在，而是通过建立新的池塘来继续一种自然的演替过程。然而，在创建池塘作为雨水花园概念的一部分时，出现了一个问题。这类池塘的水通常有两个来源：直接来自于雨水或者地表径流。如我们已经讨论过的，城市径流可能被高度易溶解的污染物、重金属和有机混合物污染，而这些会直接注入池塘中。这些潜在的有毒物质，不仅容易对野生动物造成伤害，而且容易导致水体富营养化从而致使藻类暴发，水体绿而浑浊和一些令人不愉快的特征出现。由于这个原因，处于雨水链下部的水池如果可能接受来自被污染区域和富营养区域的径流，它们决不能直接接纳来自于例如道路和肥沃草坪

的排水这一点就显得至关重要——所有前面讨论过的具有净水
功能的元素将会作为水到达池塘前的一个缓冲区。

为安全而设计的池塘

　　因为滞留池里长期有水，它们是雨水链中存在的对于孩子
们的安全存在潜在威胁的最为危险的因素，因此在设计中，设
计师必须把使用者的安全铭记于心。下面的设计指南旨在把任
何可能出现的危险最小化。

● 限制人们靠近水。这个目的可以通过多个途径达到。我们可
　以在设计一个花园时，通过一段矮墙或者篱笆，在物理上而
　非视觉上与花园的其他部分分割开来。在这个草图中，一条
　矮的挡墙环绕着池塘，使用者只能通过唯一的通道接近池塘
　和湿地。然而，这个途径只有当通道紧闭或者被闩上的时候
　才是安全的。一个更为安全、可靠的防止小孩坠入的方式是
　给池塘加设一个盖，这也许会降低池塘的美学价值。尽管有
　可行的商业手段可以解决这个问题，即，在水面以下安装能
　支撑小孩和成年人重量的池盖（如第 124 页图所示）。

这个能收集来自于绿色
屋顶的雨水的池塘和花
园被一个入口和一段矮
墙分隔。

一个简易自制的框架盖住一个池塘，使得开敞的水面能够引入家庭小花园。水生植物和两栖动物均能在这个小池塘中生存。

非常平缓的池塘侧面使得池塘边缘比深水池塘安全。这里，通过可渗透的铺装在水的边缘处提供粗糙的表面从而使这个池塘更加安全。

一个塑料网格系统能保证池塘的边缘位于水面之上或者之下。网格能支撑成人重量。

（照片由 Pond Safety Ltd 提供）

● 设计侧边坡舒缓的池塘，所以，如果孩童不慎落入，他们可以很轻易地爬上或走上岸来。同时浅侧边坡也对野生生物和水生植物有益处。

● 在临近池塘的地方，提供甲板或者平台，以保证给予小孩足够的空间，让他们能在池塘边缘自由活动，场地中所有边缘的物体都是安全的。

● 最后，最保险的方法是保证孩子时刻处于大人的监管之下。尤其是当他们是那些对这个花园潜在的危险毫无所知的外来参观者时。为了使监护方便一些，花园中池塘的位置应该位于视线好，并靠近家长能够方便地喝一杯咖啡或者与人交谈的地方。

为生物滞留和野生生物设计的池塘

尽管有我们上述探讨的问题，但水的滞留、净化和提升生物多样性的功能并不相互排斥。关键是关于池塘概念的转换：由原本将之定义为开敞的水面和相对较深的堤岸组成转变为仅仅只是开阔水域的一部分，而且可以是浅的（或非常浅的）水域、裸露的泥土和植被的边缘。事实上，我们可以更近一步，把池

一个混合有浅水域、深水域、裸露泥土和植被的区域，激发最大的野生生物潜能。

案例：萨特克利夫公园，伦敦，英国

　　萨特克利夫公园是一个区域公园（近 20hm^2/49.4 英亩），在 2004 年重建以后重新开放，为这个大社区提供各种设施和场所如跑道和活动场所，也是一个大规模的新生境营造。以前，这块区域是典型的城市绿地：广阔而平坦，过去主要作为足球场，对野生生物几乎没有价值。

　　如何通过更宽松的环境对策，衔接栖息地和野生动植物区的营造和管理，从而显著提升一个城市公园的生物多样性价值。这个重建的公园是一个很好的例子。重建这个公园的主要原因是这个区域需要一个更大的疏洪方案，来保护刘易舍姆中心免受像前些年发生过的，来自于会稽河的大洪水的侵袭。20 世纪

萨特克利夫公
园平面图

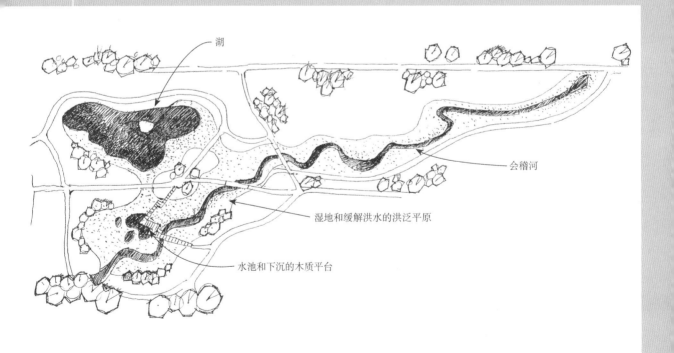

湖

会稽河

湿地和缓解洪水的洪泛平原

水池和下沉的木质平台

七八十年代尝试的一系列的工程解决方案并不成功，而河流的表面和地下部分则被水泥和水泥管道所取代，这导致了自然栖息地的消失，动植物数量的下降，包括河里的鱼类。公园的重建工作围绕这条河流的再次开放而展开。现在，随着移出足够的泥土和下层土填满了35个奥林匹克标准大小的游泳池，蜿蜒流过公园的河流重现了它19世纪的模样。与此同时，公园通过降低和塑造地表来创造一个加强的"自然的"能在大暴风雨来临期间，缓解洪水的洪泛平原。取代大块平整规则的都市草坪的，是现在能尽可能多地容纳野生动植物的，拥有一系列自然栖息地的绵延的景观——像河流、湖泊、池塘（拥有木栈道和临水平台）、野花草甸（包括湿性草甸和上层的干性草甸）、一个户外教室、芦苇滩和各种各样的乡土树。与此同时，提供给大众和残障人士的入口也增加了。由于这个计划给该区域带来了许多的野生生物，所以它也受到了当地的大力支持。

我们注意到使用该区域的人数大量地增加了，尤其是那些有孩子的家庭，因为喜欢亲近水而乐意前往。一些河边的沙滩地带很受孩子们青睐，一些人认为这些地方是被有意地安排成大的游玩区，但事实是，孩子们对这块场地的兴趣只是生境营造的一个副产品。

改造后的公园有一大片开阔水面以及重见天日的会稽河。被重新塑造的土地能利用那些常湿的区域和临时泄洪区来适应各种等级的洪水。

方案显示开阔可靠近水域的新区域，能很好地作为开放的公共空间，那些关于这里存在着危险的看法是不成立的。

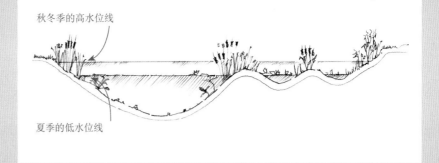

秋冬季的高水位线

夏季的低水位线

比较传统池塘和自然池塘的下降区。该区域并非平缓地倾斜而是由一个更高或更低区域的混合体组成，从而产生一个复杂镶嵌的环境。

（威廉姆斯等，1997 年）

一个滞留池可能包括一个前池来容纳沉积物，一个溢流口来排走过量的水。

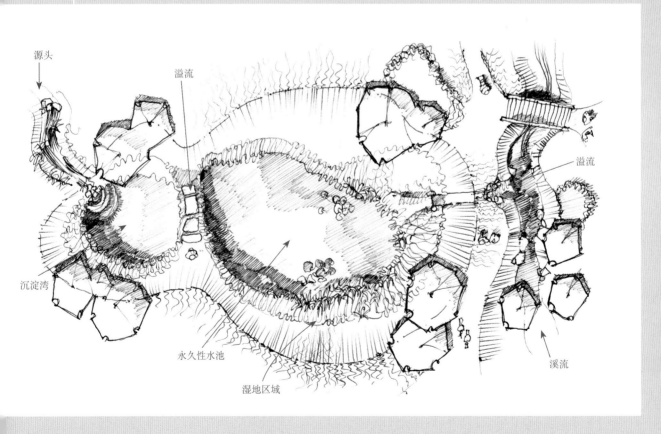

源头

溢流

沉淀湾

永久性水池

湿地区域

溢流

溪流

塘看做一个包含死水（一些永久性水域）的一些季节性水的广阔的湿地栖息地组合体的一部分。周期性涨落的暴雨池塘实际上为栖息地的营造提供了契机。

大多数天然池塘在水位波动时，创造了一个有不同湿度和高度生物多样性的下降区。在标准池塘设计中很少考虑这种下降区，它通常被狭长的边缘所限制。扩展下降区区域能大幅度增加栖息地的潜能。一些零星的小圆丘和浅地把多样性最大化。事实上，非常浅的水域适合于各种各样的无脊椎动物。裸露的、泥泞的区域也是非常有价值的。

我们要谨记的很重要的一点是，当汹涌的暴雨洪水涌入或排出池塘的时候，要让其水位的剧烈变化最小化。确保一半的池塘水域永久保留，从而能够为大部分的湿地野生生物提供足够稳定的生存环境。如上所述，通过利用浅滩和下降区增加潜在的表层区域，能够使额外的大量涌入的水流广泛地分布开来。通过阻止来自暴雨水源的水流直接涌入（例如不拆开直接连接到池塘的落水管），注入整个系统的水流速度会大幅度地降

这个池塘另一面的小道可供垂钓，对岸为鸟类提供足够的筑巢地。

为野生动物设计的池塘附近也会有许多人类活动的地方，或者便于教学活动，通常会建造可达的边缘或堤岸，使得视线能穿过池塘和不允许到达的野生动物区。这个池塘的亲水平台正对着一个免干扰的野生动物区。

对池塘边缘最小干扰的观景平台。

在湿地中，栈道是令人兴奋的、冲击力强的视觉元素，全年为人们提供接近湿地、泥沼的机会。

低——汹涌的水流会冲击池塘和池塘里的沉积物，从而导致水体浑浊、藻类蔓生。所以，再一次强调，如果池塘将会接受暴雨径流，那么池塘应该被置于雨水利用链更后面的位置。

在一个花园环境中，池塘很少只仅仅为野生生物而设计：人们希望看到水并且亲近它。在这里野生生物也是一个非常重要的考虑因素，通常人们把池塘的一部分边缘做得容易到达。同时，保留一部分限制人们进入的边缘地带，来提供免干扰和微干扰的栖息区域——比如便于鸟类筑巢。

伦敦湿地公园用原木堆塑造这个湿地主题公园的结构特征，这些枯木为各种各样的无脊椎动物提供了理想的栖息地。

案例：西部港湾，马尔默，瑞典

　　马尔默西部港湾开发区曾是 2001 年国际性住宅产业博览会的举办地。该场地的总体规划很大程度上是基于雨水径流的管理和利用。房屋住宅围绕庭院而建。来自于屋顶和铺装地面的径流被引流入每个庭院里为此设计的池塘。池塘里种植了丰富的植物。过量的径流将被排入一个大湖泊，这片湖泊是一个新公园的焦点。该公园以大面积苇床的种植和湿林地为主要特征。开发商曾被邀请去给场地总体规划的各个不同的部分提建议。

　　为了拿到建造许可，每个开发商都必须为他们的建造项目获得最高 150 个"生物多样性点"，这些点由它们可能包含的许多场地特征组成，每个特征可以获得 10 或者 15 点。潜在的特征包括：

- 攀墙植物
- 绿色屋顶
- 鸟笼
- 乡土植物
- $1m^2$（$10ft^2$）池塘对 $5m^2$（$50ft^2$）的密封地面
- 双栖动物和昆虫栖息地
- 蝙蝠和燕子巢穴
- 栖息地种植种类

一般使用的小尺度的特征包括房子和住所的绿色屋顶，和与建筑分离的引导水进入雨水沟的落水管道。

雨水径流的动态和导流是场地中重要的考虑因素。

雨水被导入每个庭院,通过雕琢而成的景观石渠引流入种植池。

庭院拥有丰富的种植池塘和种植池。

发展中的购物区通过一座横跨在收集屋顶雨水的种植湿地上的桥连接。

众所周知，注入池塘的地表径流可能已经富营养化，或者被污染，它们都会被保留下来。这些边缘的浅水区域和下降区是应该被重视的。在被污染的水体中，浮水植物相当稀少（威廉姆斯等，1997年），而水体的主要功能就是沉积悬浮的固体颗粒。在浅水区域，岸边水生植物和沉水植物在大多数质量的水环境中有更好的生存机会。

植物造景

正常运作的池塘是一个复杂且相互影响的生态系统——然而它相对容易形成。一个拥有清澈活水的美丽的池塘和一个浊绿、肮脏的池塘之间的平衡非常微妙，但是值得庆幸的是，它通常会以相对直接的方式呈现积极的结果。然而，我们这里所讨论的池塘，接受的水源来自于流经不同表面的地表径流，而非直接来自雨水和洁净的溪流，它的这个特性导致了复杂的情况。这

展示主要植物群落的池塘剖面图

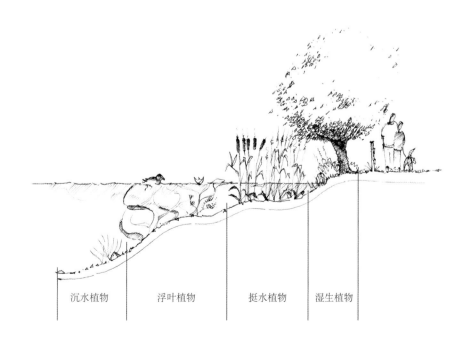

| 沉水植物 | 浮叶植物 | 挺水植物 | 湿生植物 |

是因为两个主要因素：水质和到达池塘的阳光量，使得它成为水质干净且野生生物丰富的池塘。营养富集的水体将会导致那些使水体变绿的藻类大量衍生。在本书中，这是一个关于池塘的重要问题，因为这种水体接受从其他一些地方流来的雨水，而这些雨水在流经一些区域时，可能被污染物和营养物污染。然而，假如水流在到达池塘以前，流经沼泽、渗透带、植被过滤带和一些小苇床，植被缓冲区将使水流营养含量水平有效的降低。

到达水体的光照量能通过种植植物很好地控制。这非常重要，因为水体接受到的光照量越大，它就越适于藻类的生长。这并不是说荫蔽处的池塘就是最好的，但是 50% 的表面处于荫蔽之中就能有效地抑制藻类的增长。通常，有几种水生栽植类型和种类，每一种都在池塘中起到相当特殊的作用：

● 边缘植物一般生长在水体边缘长期湿润的土壤中。它们通常是湿地中最多彩多花的植物，是多年生大叶植物和草本植物的结合体，它们的花朵和种子为野生生物提供食物来源，同时也为两栖动物和无脊椎动物提供庇护所。

一个功能完整的池塘的植物类型应高度多样化，包括从岸边的乔木和灌木到挺水植物。

边缘植物，在潮湿的土壤中生长得最好，能忍受周期性洪水和水淹。它们是湿地植物中最具有吸引力的，也为雨水园提供很大的开发潜力。此处黄菖蒲（*Iris pseudacorus*）连成了池塘的边线。

● 挺水植物把根扎在浅水下的泥土中，它们的芽、叶和花朵暴露在空气中。芦苇和灯芯草是典型的挺水植物，它们为那些能在空气中生活的、想爬出池塘的水生无脊椎动物如蜻蜓幼虫提供停留的地方。

● 浮叶植物生长在更深一些的水中，但是它们依然扎根于池塘的底部。荷花是最为人所熟悉的浮叶植物。同时也为池塘提供荫蔽，它们的叶子为鱼类提供栖息处。

挺水植物，如芦苇，生长在浅水水域中。

毛茛科的驴蹄草（Caltha palustris）是一种十分实用的边缘植物。图中的驴蹄草如同一段黄色的丝带，围绕在这片大池塘的边缘。

● 大部分沉水植物处于水面以下，是水体的充氧器，同时它们也是水下无脊椎动物和其他池塘生命的食物来源和栖息处。

另外，围绕在池塘边缘（非北部边缘）的树林和灌木丛，将会在一天中的一段时间内提供荫蔽，同时也会为鸟类提供栖息地。不同的群落担任着不同的角色，为野生生物提供不同的机会，影响光照程度，如果所有的群落都存在，那么它们对营养富集的水体的生物性过滤能力会增强。

湿林地和灰沼泽地（卡尔群落）是池塘的一部分，这个观点通常被忽视。一定程度的荫蔽阻止了藻类的暴发，树木和灌木丛为野生生物提供良好的生存条件。

沼泽植物需要湿润的土壤，但是也不能忍受长时间处于水下或者洪水中。通常这些植物拥有神奇的叶子和花朵。图中白色的蔷薇科绣线菊属植物旋复花有大的叶片。沼泽植物适用于雨水园。

在德国杜伊斯堡的埃姆歇公园内，设计者在不同的层面种植植物。当洪水到来时，这些植物将被淹没。当在干燥的时期，洪水退去植物依然能扎根于湿润的土壤中。

在瑞典赫尔辛堡的弗雷德里克斯堡城堡花园，湿地植物生长在池子中的水泥管。无论水位如何变化，植物的根系总是在湿润的土壤中。

在瑞典奥格斯汀堡的一项可持续城市排水系统规划中，运用相同的理念，利用湿地植物作为一种装饰。

案例：波特兰市环境服务局水污染控制实验室，俄勒冈州，美国

这座地标建筑以及它周围的景观被设计成能提供强烈水流流动的视觉效果。水景花园的景观中心是两个相交的圆形组成的池塘，出水处（池塘进水口）是一个30m长的混凝土斜槽，由吸引人的本地石头筑成的墙围绕，它将暴雨径流引流入池塘，而后丰富的植被促使其自然沉降和生物过滤，最后得到干净的水。

俄勒冈州波特兰市水体污染实验室。神奇的混凝土线性水槽把暴雨水运送到池塘。

（汤姆·利普顿拍摄）

俄勒冈州波特兰市水体污染实验室。雨水从屋顶上延长的排水孔中排出，流入地面的种植基底中。

雨水花园和渗透花园

是什么？ 平缓的种植洼地。

如何处理雨水？ 通过促进渗透消除径流。吸收污染物。

雨水花园是浅洼地种植区，通过大面积的栽植植物获得生态效益和视觉效果，把暴雨景观化提升到另一个层次。它们不具有传输水的功能，而是被设计为收集和保存暴雨径流，当水流经植被和土壤渗入地下时，使污染物沉降和过滤出来。接下来大量的降雨和径流流入地表区域和池塘，然后通过花园的底部逐渐回渗。通常，雨水花园比传统的草地多回渗 30% 的水量。那些花园旨在尽可能多地促进雨水回渗。无论如何，当低洼处接受来自于一个巨大地表区域的径流，或者当预定的区域毗邻建筑、道路或其他常用区域时，一个溢流措施还是必要的（尤其是当土壤可渗透性不强时），因此任何多余的水都能排走而不是造成局部洪水——尽管在一些情况下这或许不会造成困扰。这个溢流装置既能采取地表排水的形式也能采取暗沟排水的形式。当然，一座雨水花园能简单地溢流到另一个花园里。《波特兰雨水管理指南》建议，比如在一个低洼处之下和下面不可渗透的石床之间，应该有至少 1m 的可渗透的土壤或者是媒介，而且最上层应该铺设 30cm 的表层土。雨水花园和其他的渗透设施一起，促使溪流和河道免受雨水径流所携带的污染物污染——在一个花园中，这些污染物可能包含肥料和杀虫剂，油类和其他的汽车泄漏物和另外一些从屋顶和硬化铺装区域冲刷下来的物质（威斯康星大学，2003 年）。

植物种植可以多样化，包括所有可能的植物类型——树木、灌木、多年生植物、鳞茎植物、草本——尽管一般来说是以多年生植物为主。需要修剪的草本不仅维护费劲，而且野生生物价值低，并有可能转变成泥泞的泥沼。由于它的功能不是为了储存水分，过量的水将渗入地下或者被排走，这些设施与沼泽花园和雨水花园不同，例如，它们并不会永久地保持潮湿，尽管湿润土壤的深处可能有储水层。通常沼泽花园附着在池塘旁边，尽管土壤层可能高于水平面，它也可能长期饱含水分。或，在这两种情况下这类花园不能很好地起到雨水花园的作用，因为雨水不能很轻易地滤过。种植的一个关键的条件是它能忍受间歇性的水淹，但不依赖于持续的洪水，同时大部分时间里又能生长在更为干燥的环境中。尽管那些来自于干旱地区的植物将无法适应这些环境，一个令人惊讶的事情是大量的中等尺寸

来自屋顶的水通过一条栽有植物的浅沟注入一片浅滩。在这片植物种类丰富的浅滩洼地中，雨水被临时蓄积起来，慢慢渗入地下水。

的乔木和灌木能在这些区域内生存。自然地生长在池塘边的"近岸水生"宿根植物也是适合的。

雨水花园是一个相对较新的概念，起源于 19 世纪 80 年代末美国马里兰州的乔治王子县。"生物净化"的理念——利用种植区域大量地吸收被污染的雨水径流并促使其回渗入土壤——也第一次被马里兰环境保护部门贯彻到公共景观规划中。第一个范例是停车场，事实证明基于种植和土壤的自然系统比标准的工程途径更加节省成本。自 1997 年以来，环保部门与马里兰大学共同研究发布了研究数据用来支持经济的和环境的案例。这个观点之后被发展用于私家花园，如今主要与北美中西部合作，比如密歇根州和威斯康星州。雨水花园通常会配置生长于低洼地或者沟渠中的乡土植物。无论如何，仅仅使用乡土植物的原因是显而易见的。

本书中描述的其他的许多环境有雨水花园的一些特征（换言之，植被区域能促进回渗），但是它们与雨水花园的主要区别在于它们相对小型，或者线性，而且如同回渗一样，有移动和传输水的相关功能。雨水花园是一个更大的区域，它旨在成为一个句号（完全停止），或者是一个大逗号（长时间地暂停），能在暴雨链中尽可能多地截住径流。

雨水花园选址

雨水花园应该建在能够充分利用径流的地方——这些径流可能直接来自于房子和建筑屋顶汇集而成的雨水，或者来自于草地和硬化区域等更远一些地方，或者来自于暴雨链的其他地方。雨水花园应该坐落在，水的源头和它在景观中自然结束的区域之间。把它建在能收集来自于任何地方水流的最远点，看似符合逻辑，但却是错误的——雨水花园旨在雨水到达最远点之前吸收尽可能多的水分，如前面所提到的，把雨水花园建在一个已经汇集了水却排水性能差的区域是错误的。当建设地点靠近建筑，任何下渗的设施都应该与建筑保持至少 3m（10ft）的距离来避免雨水向建筑基础渗透（这个规律不适用于暴雨种植池，它与建筑之间有防水层）。把雨水花园选址在一个相对平坦的区域将会使建设容易一些，一个完全或者部分向阳的区域不仅能拥有更大的植物多样性，而且能促进收集雨水的蒸发。

威斯康星大学推荐了两个简单的测试用于检测被选择区域的土壤类型是否适合建设雨水花园（威斯康星大学，2003 年）。首先，在地上挖一个浅浅的小洞（周长 15cm，深 6cm），然后灌满水；如果洞中的水能够保存 24h，那么这块区域是不合适的。其次，抓一把土，然后用少量的几滴水湿润它，将土揉捏成一个小球。如果它能保持住球形，然后用食指和拇指挤压土球，将它挤压成厚度相似的细长条状物。让泥土条尽量延展包围食指直到它由于自身重力而断裂。如果在断裂之前，泥土条的长度超过 2.5cm（1in），那么这块土地不适合建造雨水花园。

如果你想把雨水花园建在一个渗水性差的场地上，那么这个场地的表层土应该用"雨水花园混合土"替换，"西密歇根雨水花园"组织建议，这种混合土由 50% 的沙砾和多角沙，20% ~ 30% 的表层土和 20% ~ 30% 的有机堆肥组成，并且疏松下层紧实的土壤。此外，一个暗渠排水系统可能被用到——在砂砾层安置多孔管道是一项简单的技术。

建设一座雨水花园

建造一座雨水花园就是相对直接和简单地降低地平面，然后一个收集雨水的凹地便形成了。一般来说，一座雨水花园的深度是 10 ~ 20cm（4 ~ 8in），有一个缓缓倾斜的边坡。这在一个水平场地上则出现了一些问题，但是在一个倾斜的场地上，通过挖和填，从斜坡的上部移土并替换下部的土壤或者引入外来土，来使这块场地平坦起来是必要的。

以下的建议内容根据威斯康星大学出版的《雨水花园：家庭园丁入门指南》（威斯康星大学，2003 年）改编。如果这个雨水花园是被设计用来吸收所有的有可能到达它的雨水径流，那么整个疏导水流进入雨水花园的流域面积可以估算，由此，雨水花园大致面积也能计算出来。要是雨水花园直接接受从落水管输导来的雨水，并且与建筑之间的距离少于 10m（30ft），当所有落水管的水都直接排入花园内时，建筑本身的大致面积应该被当做是流域面积。假如仅有一部分落水管直接连到雨水花园，那么就估算形成径流的一部分屋顶的面积。

如果雨水花园距离建筑大于 10m（30ft），它的排水面就不只是屋顶平面，要确定能形成径流的大致流域面积，就需要量出它的长和宽求积来得到估算的面积值。

另外，要评估土壤的渗水能力。砂性土壤渗水最快——用手指搓这类土时会感到多沙粒而且粗糙。要是土壤是泥沙的，用手指搓的时候会感到光滑却是并不会粘手。而黏土会粘手而且

	雨水花园与落水管的距离小于 10m（30ft）			雨水花园与落水管的距离大于 10m（30ft）
	10 ~ 15cm（3 ~ 5in）深	15 ~ 18cm（6 ~ 7in）深	20cm（8in）深	所有深度
砂性土	0.19	0.15	0.08	0.03
粉砂土	0.34	0.25	0.16	0.06
黏土	0.43	0.32	0.20	0.10

雨水花园面积因子

会凝成块——这类土渗水性差。

雨水花园区域的面积建议值可以通过估算的径流流域值乘以不同土壤类型的雨水花园的面积因子得到（见第 143 页表）。

由此计算出尺寸大小的雨水花园，通常能够捕获所有流域的径流。

无论如何，如果在雨水到达雨水花园之前，运用了本书里所描述的雨水收集和渗入因素，那么很明显，花园面积可以减小。即使雨水花园的建造目的是收集建筑屋顶的雨水，也没有必要把它建在建筑旁边。一根埋在地下的管道就能把落水管的水引入远处的花园，或者可以经由沼泽和过滤地到达它的最终目的地——雨水花园。

为了使雨水花园收集到尽量多的雨水，花园的长边应坡面向上。建议花园的最小宽度为 3m，长度最好是宽度的两倍。

在挖一座雨水花园之前，应移走现存的植被或者草地，清理出一块干净的场地。如果是一片小型场地则可将草地除去。或者可以通过覆盖一段时间的黑色塑料、报纸、地毯或者其他的能隔离光线的材料，或者除草剂来去除植被。然后转移土壤，平整土地，使这块洼地能够收集雨水。在这个阶段，用耙子和铁锹疏松花园底部的土壤是明智的。并且掺入适量的砾石和细沙有利于增强渗水性。

挖掘的目的在于把花园区域的平均高度降低 15cm。为了避免从场地内转移大量的土方，大部分的土壤可以堆放在花园的周围，远离水汇集至花园的方向，可以形成一个隆起的边缘——这样更容易把水保存在挖掘地以内。一般地，在水流进入花园的注入点上置石能有效地保护雨水花园在水流量大时免受侵蚀。

播种的区域首先要清除现有的植被和杂草。一种 2.5cm 厚的沙土覆盖料，草种混播其上。一块粗麻布盖在覆盖料上，以保护种子免受鸟类和动物的威胁。

由此产生的是茂密的、形式自然的植被。

雨水花园内的植物配置

雨水花园植物群落可以通过栽培和播种，或者两种方式结合来构建。栽培是一种普遍运用的技术，但是对于一个较大的区域来说，这是一种昂贵的方式，并且某种程度而言，是低效率的，因为在栽培的早期阶段，植物之间的空隙会留出大片裸露的土壤，即使有堆肥、树皮等覆盖其上，也需要额外地维护和清除杂草。尽管播种技术在培育野花草甸和草原植被上是相当成熟的，但是对雨水花园来说，它是一项新技术。播种的优势在于它对于大区域运用来说是经济的，并且能造就非常自然的效果。同时，也能使每平方米内的植物有更高的密度，从而减低该场地长期需要除草的需求（即使早期除草的投入可能更高些，因此杂草幼苗不会成为我们需要栽培的理想之物）。两种种植方式的结合对于两方面来说都是最好的——建立一个大冠幅的多年生植物和草地栽植的框架，然后在植物之间的间隙里播种。

乡土植物或非乡土植物

很多关于雨水花园建设的指导上明确地提出要使用乡土植物。为了使用乡土植物，并保存园内的乡土植物群落，这个论断听起来像是一个道德问题，但是许多提出乡土植物能够比非乡土植物更好地适应当地气候地理条件的所谓科学论断其实不尽其然。在我们讨论"在任意一个特定的地区里，什么是乡土物种？我们如何定义乡土？"这个有争论的问题之前，乡土物种一般被看做有本质的生态性，而外来物种（非乡土物种）却没有，除非考虑到它们的原产地的环境条件，在某种情况下它们能立即具有这种生态性（希契莫夫，2003年）！非乡土物种通常被认为对当地气候和环境条件的适应性相对差一些，因此它们需要更多的维护、照料和保护来确保它们活下来。与此同时，外来物种被认为是有很高侵略性的、危险的并且太强势。事实上，原地理位置只是影响侵入性的一个很小的因素，真正的因素是植物是否具有如下特性：产生大量的种子，有效的扩散性，对于食草动物来说不那么可口等。许多的本地物种是高侵略性的，并有效地在当地植物中占首要地位，导致多样性大量减少。同样地，许多外来物种可能很好地适应这个特定的环境，因为在它们自己的生长地区中源于一个十分相同的生长环境。本地侵入性物种和外来侵入性物种都是存在的。例如，在英国，商业培植可用的外来植物群，超过了七万种的分类，其中只有一小部分对本地侵入性物种产生负面生态影响。考虑到非本地物种为城镇区域的动物群提供的栖息地也是很重要的。与本地物种相比，非本地物种在提供栖息地和食物来源上的价值有所不同，但是很明显它们在城市景观的自然保护上来说是重要的，欧文的无脊椎动物研究能够说明这一点（1991 年）。

关于使用乡土植物物种颇受争议的观点之一是它们比非乡土植物支持更多的其他物种（如食草动物），因为它们相互

	公园中的物种	不列颠群岛的物种	公园物种数目占大不列颠群岛物种总数百分比（%）
本地开花植物	166	c.1500	11.1
唇足类	7	46	15.2
蜘蛛	10	23	43.5
蚱蜢和蟋蟀	3	28	10.7
草蜻蛉	18	55	32.7
蝴蝶	21	62	33.9
蛾	263	881	29.9
黄蜂	41	297	13.8
步行虫	28	342	8.2
瓢虫	9	24	37.5

英国莱斯特公园中的物种数目。

（改编自：欧文，1991 年）

适应，而由此对物种多样性更有利。一般说来，一种植物在一个区域群落中存在的时间越长，就会有越多的昆虫和食草动物和它们之间产生联系。这个观点在乔木层的研究中多次被证实（肯尼迪和索斯伍德，1984 年）。无论如何，这不一定对所有的植物和昆虫之间的关系都是适用的，且事实上许多本地树种会表现得比外来种更差一些。非乡土物种可能刚好成为当本地物种不在花期时的重要食物来源。总的说来，本地物种总是供更多的无脊椎动物取食，这并不意味着非乡土物种的保存价值是无足轻重的理论成立。

一些考虑非乡土物种对生物多样性的价值的相关研究来自于花园栖息地价值的研究。比如，在过去的 30 年中，珍妮弗·欧文一丝不苟地记录了在她的英格兰莱斯特的城郊花园中存在的动植物（欧文，1991 年）。她研究发现概要展示在第 147 页的表格中。这个花园不是专门种植乡土物种的，然而，就是在这一小块地中，发现了绝大部分整个英国的具有代表性的重要科属的动植物。她把这个私家花园当做英国最大的自然保护区，很大程度上是由于在花园中发现的非乡土植物的多样性。

更多的论据来自于谢菲尔德城市花园生物多样性（BUGS）项目。在三年的期限内，对 70 个花园所有的类型、大小和场地以及它们的无脊椎动物的生物多样性集中取样。利用所收集的数据，在花园的多样性和不同的可变因素之间作比较，这些可变因素包括花园的大小、花园的地点、管理强度和这个花园是否以种植本地物种为主等。这个分析表明无论是否使用了乡土物种都对无脊椎动物的多样性没有造成明显的影响。导致多样性不同的主要因素是植被的结构——比如是否有乔木层、灌木层和草本层存在。实际上的组成种类对多样性的影响很小（史密斯等，2005 年）。换句话说，城市生物多样性的主要影响因素不是所栽植物种原产地的地理位置（尽管这对某些动物群来说是个关键因素），而是分类学的多样性和种植的空间层次以及景观空间层次的复杂多样。简而言之，就是把许多不同种植物配置为尽可能多的层次。最后，在这个多元文化的社会里，坚持在一块没有指定的自然保护价值的场地上只种植本地物种，是一个令人遗憾的隐喻（威尔金森，2001 年）。所以，当由于诸多原因使用乡土物种是可取的，它的反面论断——非乡土物种对增强生物多样性不会或者不会过多地降低其价值——不一定是有效的，需要看具体情况来决定。

雨水花园的维护

为了更符合生态规范，雨水花园应该不需要高强度的维护。它们部分通过植物自身的功能来调节，因此它们应该是植物为主，大面积的裸露土地没有用。有两项工作是必需的。首先，在初期，清除具有侵略性的种子。在植物扎根生长的前几个月，除杂草是绝对必要的。一旦一个完整的植被覆盖长成，一年一度的除草可以逐渐减少。其次，修剪所有的地上部分。现在大多数的自然主义园丁都倾向于留着植物的地上部分越冬——不仅这些干枯的茎干和种植具有吸引力，而且为以种子为食的鸟类提供食物，为需要越冬的无脊椎动物提供庇护所。在冬天结束春天开始时砍掉死去的茎干，用干净的花园迎接新的季节。要是这个死去的茎干很干燥，可以直接把它打碎，作为土地的覆盖物，或者利用其他的处理方式。这样一来整个花园就不需要施肥了。灌溉也是被禁止的：这将违背本书生态性的初衷。但是为了确保植物能生存下来，在刚刚栽植的前几个月中，灌溉是至关重要的。在异常干旱的区域，浇水是必需的——在一个短暂的时间段里，可以使用来自于建筑的灰水（见本书第一部分）。

案例：美国俄勒冈州波特兰的巴克曼山庄

两个长方形渗透花园组成庭院的中心，收集来自于屋顶和周围铺装硬化区域的径流。栽植的植被由冬青叶十大功劳（*Mahonia aquifolium*）、西伯利亚鸢尾（*Iris sibirica*）和落新妇属（*Astilbe*）植物组成——这类植物能够忍受潮湿的环境，同时，只要生长环境不彻底干涸，它们就能够在普通肥力的土壤中生长得很好。

径流流入花园底部，渗入土壤中，除了大雨来临时溢流的那部分——溢流管被安装在允许集水至22cm（9in）的高度。这个场地的经历表明雨水向土壤的回渗很成功——溢流管的设置高度应该增加（利普顿，2002年）。每年一次清扫从屋顶冲刷下来的落叶之类的物质是保证花园中排水通畅所必需的。

巴克曼山庄雨水园。中心栽植床接受来自铺装表面和建筑屋顶的过量的径流。

（汤姆·利普顿拍摄）

案例：城市水工程，波特兰，俄勒冈州，美国

城市水工程开始于 1999 年，受设计师贝西·达蒙在中国成都设计的"活水公园"的启发，这是一个在城市环境中，围绕水的艺术、科学和教育价值的公园规划。城市水工程寻求创造一个基于城市社区的项目，以开发之前水穿越景观的路线为基础，使水体在邻里之间可见。他们和当地志愿者组织紧密合作，项目包括把荒芜的沥青碎石地面的操场转化为绿草茵茵、生机勃勃的场地。两个很典型的案例分别是达·芬奇水公园和阿斯特尔水公园。

达·芬奇水公园

这个在波特兰达·芬奇艺术中学的雨水花园始建于 2000 年，被学校作为教学实践活动场地，是关于水的跨学科探索的结果。这个花园的目的是管理来自四周不透水地表上的径流，同时此处也被作为学校的户外实验室和一个社区休闲场所。

花园的基址曾是一个网球场。这块被挖掘和重新整形的场地包含一个衬里池塘，一个植被覆盖的沼泽，一座雨水花园和两个收集雨水的蓄水池。蓄水池能蓄积 19000L 的水，同时给池塘供水并能满足花园大部分的灌溉需求。花园吸收来自于周围屋顶和硬化地表约 $450m^2$ 面积的径流。大约一半的径流直接汇入池塘，还有一半汇入蓄水池。从池塘溢流的水直接汇入沼泽，流入雨水花园。三分之一的沼泽上部区域用防水薄膜衬垫，因此在大雨来临时能形成明显的溪流。而沼泽低处的三分之二是没有被衬垫的，以促使雨水回渗。另外，一片更远的沼

泽收集临近的停车场的雨水。花园中种植着乡土的草本、灌木和开花植物。雨水花园中的溢流排入相邻的沿着一块运动场地的沟渠。据计算，花园能截流该场地排出的大约 120 万 L 的雨水，不使它们排入主要雨水管道。

种植一年后的达·芬奇水公园。临近的停车场、学校和贮水器。

通向沼泽地的一条小路。

（布洛克·多尔曼拍摄）

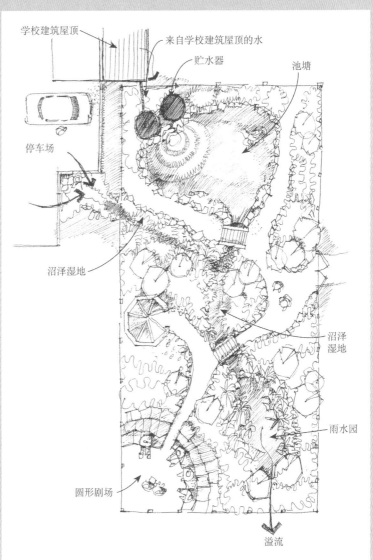

达·芬奇水公园平面图

阿斯特尔水公园

　　小学生、教师和社区都参与设计和建造这座生机勃勃的雨水花园，帮助净化和过滤来自这块先前是 $800m^2$ 的柏油地的暴雨径流。2005 年春季，志愿者们种植植物，并且得到了许多个人和商业公司的捐款。阿斯特尔水公园把艺术和环境教育与社区设计结合起来。

　　原有场地是一块 $800m^2$ 的柏油地，景观单调，冬冷夏热，并且雨水全部被排走。挖掘前在柏油地上画上花园的轮廓。所有的柏油被移除，露出底下的土壤。引入的土壤和挖出的雨水收集区域创造出新的地形和地貌。志愿者、教师、家庭和小孩都帮助建设这个雨水花园。

在地面上用喷漆绘出花园的轮廓。

（埃林·米德尔顿拍摄）

在改造前，场地的路面铺设的是砾石和混凝土的混合材料，雨水完全不能渗透。

砾石和混凝土铺地材料被移除后，底层土壤显露出来。

通过客土堆出了新的
地形，并且雨水收集
区域也挖掘成形。

志愿者、教师、学生
和家庭成员们都来为
雨水园栽种植物。

种植完成后的场地。

（埃林·米德尔顿拍摄）

游泳池塘

是什么？ 自然净化的水体，有可用于游泳池的干净的、无污染的水。

如何处理雨水？ 游泳池塘利用雨水和运用湿地净化水体的属性来实现它们的功能。

第一座游泳池塘在 19 世纪 80 年代中期建造于澳大利亚，作为化学净化治理游泳池的生态替代方案。现在，在澳大利亚有超过 20000 座游泳池塘，在德国有 8000 个，在瑞士有 1500 个，同时，还有几百座地方当局建造的公共自然游泳池塘（李特尔伍德，2006 年）。它们是游泳池和雨水花园的无化学性结合。它们拥有激动人心的美丽，把漂亮的水生植物和明快的现代材料，几何或者自然式的设计结合起来，能够提供任何野生生物水池所有的优点。池中的水是从一个种满植物的"再生区"抽上来的，这个"再生区"建立在小圆石和砾石中而非表层土中。植物必须从水中汲取它们所需的营养，因而净化了水体，为室外"游泳区"提供清洁的水源。"游泳区"是指为自由方便地游泳而保持清澈的开放水域区，平底，一般深 1.5 ~ 2.0m（5 ~ 6.5ft）。在一个花园中，它们提供巨大的园艺和栖息地潜力。

把它们写入本书有两个方面的原因。首先，它们利用植物和植被从物理和化学两个方面来净化水体。其次，它们不使用自来水的系统——来自管道中的生活用水里含有营养化合物，如果持续地注入池塘中，将会增加令人厌恶的藻类的生长。相反，游泳池塘倾向于利用雨水——比如被注满收集的雨水。它们因此而满

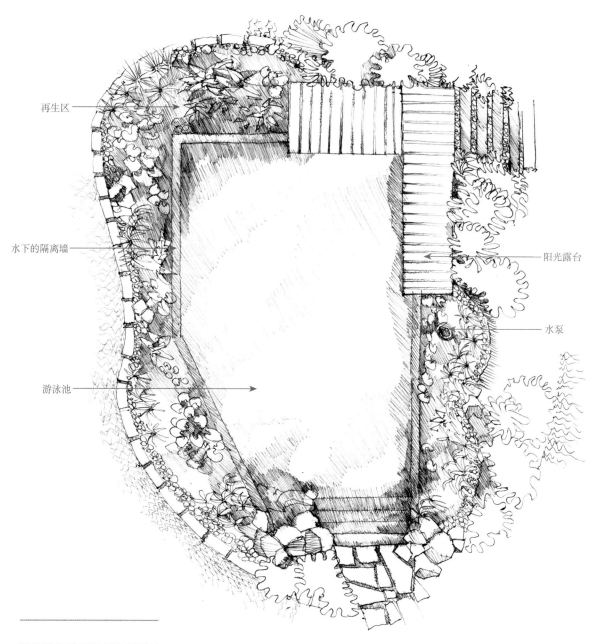

再生区

水下的隔离墙

游泳池

阳光露台

水泵

游泳池和种植区域之间通过
挡墙隔开，以保持植物和它
们的生长基质。由于处在同
一平面，因此水能在游泳池
和种植区域自由流动。

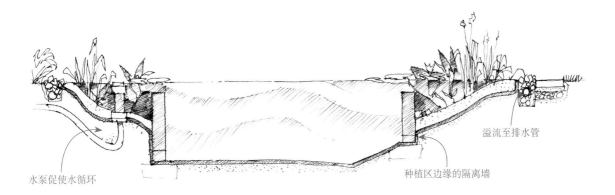

水泵促使水循环

溢流至排水管

种植区边缘的隔离墙

足生物滞留系统的一些必要条件。

　　游泳池塘和我们已经讨论过的大多数要素的主要不同在于，它们的关键需求是需要把水体的营养值维持在一个非常低的水平上。只要营养水平上升，就会促进水藻的生长，水体变得浑浊，变成绿色，让人不再乐意畅游其中。再生区中水体净化的方式是复杂的，但是它主要与植物根系上微生物和分解杂质的酶离子和植物根系的氧化性的活动相联系。培养基和植物也有助于把颗粒和石屑滤除。然而，与本书中提到的那些依靠普通土壤来种植植物的例子不同，游泳池塘完全不会使用任何土壤，而是利用惰性的、低营养基质的培养基，比如砂砾。此外，紫外线过滤器能用来消除水体中任何潜在的有害的细菌。这类池塘和普通花园池塘的建造方式一样使用厚的衬垫。在游泳区，衬垫之上不再覆盖任何培养基或者其他的材料。

　　游泳池塘之间的复杂性有所不同，从游泳区和再生区建在同一个池塘中的这类相对简单的系统，到这两个区域可能分离到两个不同的池塘中的这类更为复杂的形式，它们在植物的种植程度上也有所不同，主要由砂砾基底组成而非茂密的植被。

　　游泳池塘最吸引人的特征之一是它们经常把丰富而复杂的自然种植和强烈的几何结构结合起来。通常自然的水生植物种植结合了自然式的或者不规则形状的池塘，但不是必须这样。

水通过水泵在种植区和游泳区之间循环。

案例：基歇尔池塘，德国

　　沃尔夫勒姆·基歇尔教授，是德国研究多年生植物和水生植物栽培的学术带头人，通过观察德国的一些经历了漫长时间的游泳池塘，他发现了一些重要问题，8 年前他在自家的花园中设计建造了一个游泳池塘。"保持水体的低营养化，以阻止藻类蔓生，水体变浑浊的需求和能使那些被用于再生区的一些植物生长良好的目的之间是相互矛盾的。"这些普通的湿地和临水植物通常显得生机勃勃，同时需要相对肥沃的水和土壤来促使它们有效地生长。沃尔夫勒姆指出那些植物在经过一些年后会变得营养不良，特别是在经历了炎热的夏天之后。然而，它们通常比较容易从苗圃或者花园中心得到。沃尔夫勒姆说："我决定从自然中来寻找替代品，并在自然的、低营养的湿地中寻找我的灵感，比如泥沼和低位沼。"

　　沃尔夫勒姆的游泳池塘的再生区和游泳区分成两个不同的

沃尔夫勒姆·基歇尔的家人整个夏天都在享受着水池，在其中嬉戏玩耍。而不使用时，水池本身也是一道景致。

区域，再生区以蜿蜒奔流的溪流形式存在。"当再生区形状狭窄或者以溪流的形式存在时，它最为有效，因为这时水的流动带来更多的营养被植物摄取，水净化功能也由此得到改善。"把两个区域分开也意味着有更大范围的植物可以被利用。

水体通过藏于横跨池塘的木桥下的水泵流通循环。水在它进入再生区之前，通过"泉"涌出，然后通过流经铺砌地表的溪流跌落。这片区域密集地种植着生长力强的挺水物种，例如鸢尾、簇生莎草 (*Carex elata*)、水薄荷 (*Mentha aquatica*)、绣线菊 (*Filipendula ulmaria*)、驴蹄草 (*Caltha palustris*)、仙翁花 (*Lychnis floscuculi*) 和山萝卜 (*Succisa pratensis*)。

再生区的目标在于用繁茂的植物摄取营养，降低水体中的营养物含量，游泳区的目标在于维持极其清澈的、低营养的水体。沃尔夫勒姆沿着该区域的边缘种植了许多种类完全不同的植物：一片人工沼泽植被，极其和谐地混合着草本、食虫植物、矮灌木（以杜鹃花科植物占优势的低矮灌木植物和越橘浆果）、兰花和柔弱的湿地物种。这里的泥炭藓成功地铺满了从路垫到湿基质的表面。由于没有净水功能，这里的植物没有必要完全沉水。蓬松洁白的羊胡子草 (*Eriophorum vaginatum*) 在 6 月里展现一番神奇的景象，带有奇幻紫色的红门兰花穗 (*Dactylorrhiza hybrids*) 点缀其间，这些都是从种子开始生长，并自我播种繁殖的。一种与众不同的晚开花的植物是紫菀属湿地植物，亮红紫菀，是一种散布的、匍匐的、交织的植物，开紫色花朵，花期从 7 月末一直到 10 月。沃尔夫勒姆把这里的植物分成不同的两个组：食虫植物和半寄生植物。在氮元素缺乏的环境中茁壮生长的植物包括茅膏菜 (*Drosera species*) 和猪笼草 (e.g. *Sarracenia purpurea*)。

水通过植物茂盛的再生区泵到游泳区。

水在注入再生区之前流经这个水渠进行充分的曝氧、充气。

设计你自己的雨水花园

到现在为止，我们已经讨论了可能包含在一座雨水花园中的每一个元素，通过案例研究，探讨这些技术如何在广泛的场合中被运用。你会怎样将这些技术运用到你自己的花园和景观中呢？在回答这个问题之前，你应该仔细思考对于你的这个花园，你的期望是什么？这座雨水花园如何帮你达到这些目的？记住，一座雨水花园不仅仅是一个功能性的解决途径，它也为引入新的栽培，野生动物栖息地和游玩地创造了不同的机会。例如你也许不想花费，也不想养护一个池塘，但是你仍然想建造一座雨水花园。同时你也许希望能够采取一种途径让你分阶段地实施你的雨水花园，或者处理花园内的一栋孤立的建筑。无论你选取哪种途径它都是实现可持续水资源管理的积极步骤。

场地勘察

通过了解和理解你的场地，你已经实现了成功地建造一座雨水花园这个目标的一半：一旦你从许多方面去了解这块场地和其中水的运作方式，以及在未来这些水的运作方式，那时这个花园本身，就开始启迪你何种途径才是将它转变为适应雨水花园特征的最佳方案。

花园的集水和排水

建造你的花园，第一步是确定所有的不同的不透水地表，以及它是如何排水的。雨水是被排到当地河网中还是分散在花园中？最大的表面一般是住宅的屋顶，也可能是其他的花园建筑，铺装或者密封的表面。当雨量特别大或者场地上坡度陡峭的斜坡朝向一处房地产的区域时，可能也应铺设地面排水沟连接到河网。可以通过检查排水沙井的位置来定位。

在此时，画一张草图来表示每一个表面以及它们把水排向哪里是明智的。比如一个建筑的屋顶可能有两个坡面，其中一面把水排向建筑的前面，另一面则排向后面。一般两个面都会把水排入河网。同时计算这些区域的相对面积也是有帮助的。为了计算出这个表面将会产生多少雨水，你需要找到你们当地的雨量参数，然后乘以表面面积得到雨量体积有多少升或加仑。在雨水桶的部分里我们举了一个关于从 $110m^2$ 的屋顶上能汇集多少水量的例子。在这个时候你有必要记住雨水花园不是一个只能二选一的解决方案。如果你愿意，你的雨水园可能只是一个小棚子或温室而已，或当集水桶水被注满时你也可以利用一根落水管自动泄流。

地形

你需要评估自然地形和由此而形成的花园排水——水会自然地流向最低处。了解地形对于决定采用雨水链中的哪些元素以及如何布置它们是至关重要的。例如假设花园有一定自然坡度，也许应该在把雨水导入"雨水花园"或者"池塘"之前，设置一个洼地来收集雨水。你可以把这类信息增加到规划中，用箭头表示水流的方向，标出花园的最高点和最低点。

尽管为了建造洼地、池塘和雨水花园，一些改造是必需的。但能够利用现有的地形是最好的。过度的地形改造是不可取的，可能是昂贵的并会导致现有植被被移除，土壤结构被毁坏，从而阻碍排水和雨水渗透。

土壤和渗透性

如果你已经在场地上从事园艺活动有一段时间了，那么你将会对土壤的特性非常熟悉，以及它在花园内可能会有怎样的不同。在决定应当在哪里安置如池塘或者回渗装置时，需要考虑的很重要的因素是土壤的相对吸水能力。评估土壤排水性能的一个途径是在暴雨之后马上去勘察花园，然后在当天晚些时候再去勘察一次，来评估雨水消散得有多快。你甚至可以挖一些浅探井，用以显示地下水位的位置和土壤中水分的消散速度。

植被

花园中已经存在的植被（可能存在于临近的花园中）应该被考虑到，并贯穿于整个设计过程中。根系可能在挖掘回渗设施的过程中被破坏，地下水的状态可能会被改变而不再适于某些物种生存。现有乔木的浓郁树荫可能会限制植物的生长。所以，在地图中标出现有植被的位置，来确保设计雨水花园的过程中能考虑到它们。

设施

平面图和剖面图。不透
水地面、屋顶、车库、
私人车道、露台和温室、
大树的位置。大致的等
级和排水。

也应该标出所有的已经存在的可能穿过花园的设施，包括
电、气、水和排污／排水设施。不幸的是，它们并不总是那
么明了——检查沙井盖可能会给一些指示，但是也有一些情况
下，水管、电力电缆是在挖掘花园的过程中被挖出来的。此时，
唯一的选择就是多加小心。

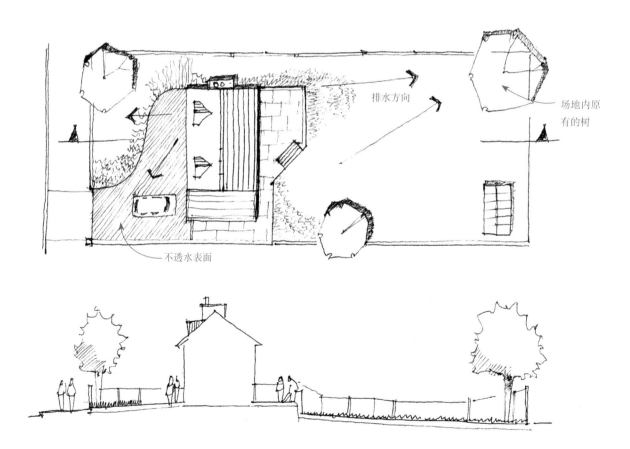

排水方向

场地内原
有的树

不透水表面

背景

一座雨水花园不是一个封闭的系统。　雨水进来，水流出去。　这里的水可能完全无害地汇入地下水或者毗邻的溪流中。无论如何，我们必须知道如果系统溢流或者由于我们的活动对一处邻近的房产排水造成十分严重的影响。如果有任何的不确定因素，那么通过控制流出落水管流入雨水花园的流量来限制雨水花园中的水量。另一个可替代的方案是利用连接到主要排水网管的溢流管道。

设计一个花园

现在应该准备开始设计你的雨水花园了。先拟定一份纳入你想要的特性和元素的纲要，并制定一份规划，指出各种需要考虑的不同因素，决策如何把各种不同的元素安置在最佳位置以及它们如何彼此关联。

用一个可辨认的比例画下你的规划是十分有帮助的。这可以帮助你估计不同部分的大致尺寸和它们的储水能力。它也将帮助你考虑设计的其他方面，包括新的栽培和如何将来自池塘和洼地的过剩的土用于建造护坡和其他设施。一旦主要的结构设计出来，那么就可能开始考虑更小的设计细节，这将把整个方案从一个解决实际问题的途径提升到一个丰富的、令人愉快的设计。下一页的这个设计展示了暴雨链中的不同成分是如何被应用的。

新的设计旨在截获雨水，然后释放它们，或者在花园中利用它创造更多的机会。

池塘中多余的水注入种植洼地，最后流入雨水花园。来自温室的水注入一个内部的集雨桶。在冬天水会被改道注入外部的两个大的集雨桶。溢流渗入相邻的菜地中。草地面积减少，造林增加。这会改善雨水收集和蒸腾。

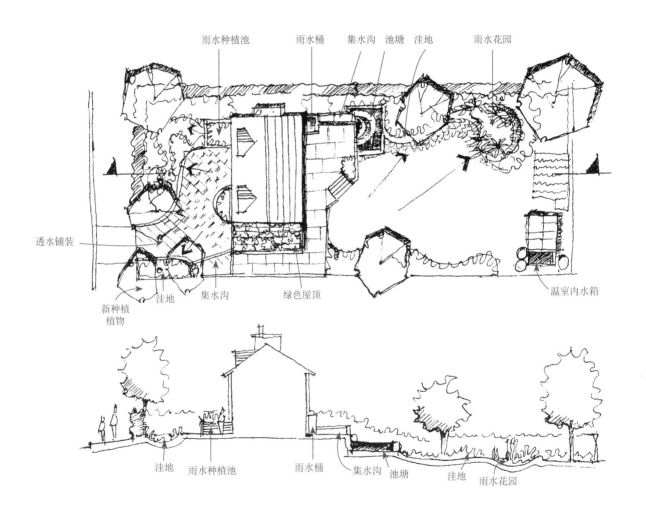

前花园

暴雨种植池收集来自屋顶落水管的雨
水。当它被注满的时候，水会溢流入一
个把任何过量的水导流入小型雨水花园
的洼地。用柏油碎石铺就的车道减少，
取而代之的是一种可渗透的铺路砖。来
自车道的过量的水被导入种植洼地。假
如达到它的最大容量，会溢流到连接着
排水管网的排水管中。车库的屋顶被绿
色屋顶取代。多余的径流通过一条安置
在铺装里的沟渠导入种植洼地。额外的
乔木和灌木栽培将会减少落在铺装地表
的雨水量，并且增加蒸腾。

后花园

一个大的集雨桶收集来自屋顶落水管的
雨水。集雨桶溢流入穿过露台的沟渠，
注入小型而规整的池塘。来自池塘的过
剩的水溢流到洼地，然后将水导入雨水
花园。这里的水将逐渐地回渗入土壤。
温室屋顶的水被导入一个内部的水罐
中，用于调节温室内的温度和浇灌植物。
过剩的水被排入集雨桶中供花园使用。

浮叶水生植物例如水百合
是用于池塘栽植的典型植
物。它们能为其他的生物
遮阴，作用很大。

第三部分
植物目录

　　可用于雨水花园和其他雨水渗透设施中的植物目录是庞大的。然而在一个普通的水体中可能发现的各种各样的植物是相对简单的——从典型的沉水植物（"充氧器"），浮叶植物如睡莲，到生长于池塘或者湖边浅水区域的植物——能够用于雨水园的植物种类丰富多样。这是由于雨水花园既不湿润也不干燥，而是周期性地在两者之间浮动。我们可以说，在最温和的气候条件下，雨水花园在一段持续的时间内不可能完全干涸——即使长时间处于干燥的环境中，土壤中的水分也会保持在一个较低的水平。同样地，雨水花园的植物也不太可能遭受长时间地被淹没在水下的情况——雨水花园就是把多余的水排走，而不是形成一个永久性的池塘。典型的雨水花园植物将因此而成为一个过渡的策略——通常被发现于水体周围的环境中或者土壤湿润的区域，或者来自于那些在一年中会遭受和浸透大量降雨的栖息地（例如大草原和干草场）。

　　在选择合适的植物时，我们利用一些生物学因素。一般生长在常湿环境中的植物，在一座能控制侵略性杂草生长的花园里，只要土壤保持合适的肥力，即使土壤湿度更低也能生长得很好。然而，它的对立面通常不是正确的——适应于干燥环境的植物不适应浸水的土壤和洪水。我们可以开始缩小植物选择范围了。但是我们不必完全抛开旱地植物，因为任何雨水花园都是具有湿度梯度组成的，它的边缘上可能决不会被淹没或者很潮湿。一些耐旱的植物是适用的。在大部分情况下，植物在这个环境里，将可能会把根扎入更湿润的土壤中，但是可能在某些情况下，雨水花园的四周需要种植视觉上看起来合适的植物，然而它们完全不是湿地植物。譬如，建造在自然排水的砂土上的雨水花园将会相对迅速地变干燥。耐湿的植物趋向于有更大更宽的叶子（在水分不会持续性缺乏的地方，植物不必有防止水分散失的适应性比如叶片小、窄，或者色泽银白或发白）；有时候我们需要看起来像湿地植物但是不需要湿润的土壤环境就能生长的植物。

潜在地，因此，我们有大量的植物可供选择，可供实验。雨水花园植物倾向于是多年生草本和草地，但是也需要考虑到乔木和灌木，特别是当我们有一块大区域需要处理的时候。一年生植物也很成功，但是球茎可能不是很适应，因为当土壤保持持续潮湿的时候，它们比较容易腐烂。

我们已经讨论了在雨水花园种植中乡土和非乡土的问题，并指出这是一个具有争议性的问题。实际上，所有关于雨水花园的参考书目建议用美国乡土物种，尽可能，使用特定区域内的乡土物种。因为雨水花园基本上是一个美国概念，这是不足为奇的。但是在这本在整个州里拥有广泛读者的书中，在植物的选择上强加了一些限制条件。事实是有一整个系列的来自世界各地的植物适合在不同的国家，乃至所有国家里的雨水花园使用。目前，在许多欧洲国家中，他们对北美大草原壮丽的景色和驯化色彩丰富的草原植物为花园所用有极大的兴趣——特别是在当地植物群落可能不够壮丽或者花期的季节很迟的时候。因此我们幸运的是，通常推荐的大多数北美雨水花园使用的物种也被欧洲园艺家作为非常可取的物种运用。

　　在接下来的部分，我们介绍一些适用于本书中描述的环境条件的植物。我们通过植物使用的类别来分类，而不是原产地，但是指出它们广义上的乡土范畴。这仅仅只是一个可供选择的植物列表，而不是以任何方式以求很全面。事实上，要找到属于你这块场地的合适的植物的最好方法是尝试——一些植物可能是失败的，但是通过这个选择过程你将得到那些最适合你的植物。在下面的列表中，指出一个属的成员（比如一个特定的柳树种），这个属的其他成员是值得考虑的，因为广义上来说它们可能适应相似的生长环境。

　　下列的表格从耐湿性方面为被列出植物的可能的喜好作出一个大致的指示。仅适合于雨水花园的植物才包含在里面。　有大量的书籍包含了适用于池塘、游泳池和水生园艺的植物，所以我们这里就没有收录水生植物。同样地，旱地植物也从这个列表中省略掉了。这个列表指出了植物的原产地。如表所示，一个物种在阳光下成长，重要的是要说明这假定了充足的水分供应。

　　列出的耐湿的物种显示在四个类别中。它们仅仅是类别索引，旨在提供一个近似的需求范围。四个类别解释如下：

● 湿的：长期被地表水覆盖的浸满水的场地。包括湿地和沼泽环境。

● 潮湿的：土壤经常是潮湿的。植物能忍受更长的洪水期。

● 湿度适中的：土壤既不过于湿也不过于干燥。植物能忍受
短期的洪水。

● 干燥的：植物能忍受长期的干旱。

你可以用这些分类来判断雨水花园或者滞留池中合适的植
物种植位置。由于分类涉及洪水和死水的相对频率，这也将取
决于降雨量和降雨强度，同时取决于土壤的保水能力。

草本植物

拉丁名	学名	起源地	株高	颜色	花期	水湿	潮湿	中湿	干燥	备注
Allium cernuum	野洋葱	北美洲	0.5m	粉红／白	7～8月					喜阳
Amorpha canescens	灰毛紫穗槐	北美洲	1.0m	紫色	6～8月		*	*		喜阳
Amsonia tabernae-montana	柳叶水甘草	北美洲	0.5m	蓝色	4～5月		*			喜阳
Aquilegia canadensis	加拿大耧斗菜	北美洲	0.6m	红／黄色	5～6月			*		喜阴
Aruncus dioicus	假升麻	欧洲	1.5m	白色	7～8月		*	*		喜阳／阴
Asclepias syriaca	叙利亚马利筋	北美洲	1.0m	粉红色	6～8月			*		喜阳
Asclepias tuberosa	块根马利筋	北美洲	0.6m	橙色	7～9月				*	喜阳
Aster azureus	天蓝色紫菀	北美洲	0.2m	蓝色	8～10月				*	喜阳
Aster lanceolatus	矛叶紫菀	北美洲	1.0m	白色	8～10月		*	*		喜阳
Aster novaeangliae	美国紫菀	北美洲	1.0m	蓝色	8～10月				*	喜阳
Aster novii-belgii	荷兰菊	北美洲	1.0m	蓝色	7～10月		*	*		喜阳
Aster puniceus	鲜红花紫菀	北美洲	1.5m	蓝色	8～9月	*	*			喜阳
Aster umbellatus	伞形花紫菀	北美洲	1.0m	白色	8～10月		*			喜阳
Astilbe cv	落新妇属植物	亚洲	0.6～1.0m	白色－紫色	7～8月		*	*		喜阳
Caltha palustris	驴蹄草	欧洲／北美洲／亚洲	0.3m	黄色	4～5月	*	*			喜阳／阴
Cardamine armara	米荠属植物	欧洲	0.4m	白色	4～6月		*	*		喜阳

草本植物

拉丁名	学名	起源地	株高	颜色	花期	水湿	潮湿	中湿	干燥	备注
Cardamine pratensis	草甸碎米荠	欧洲	0.3m	淡紫色	4～5月		*	*		喜阳
Chelone glabra	窄叶蛇头草	北美洲	1.0m	白色	7～9月	*	*			喜阳
Dryopteris cristata	鸡冠鳞毛蕨	北美洲	1.0m				*	*		喜阴
Echinacea pallida	苍白松果菊	北美洲	1.0m	紫色	6～7月			*	*	喜阳
Echinacea purpurea	紫锥菊	北美洲	1.0m	紫色	7～10月		*	*		喜阳
Equisetum hyemale	木贼	北美洲／欧洲	0.6m				*	*		喜阳／偏喜阴
Eupatorium cannabinum	大麻叶泽兰	欧洲	1.0m	粉色	7～8月		*	*		
Eupatorium fistulosum		北美洲	1.5m	粉色	7～9月			*		喜阳／偏喜阴
Eupatorium maculatum	斑茎泽兰	北美洲	1.5m	紫色	7～10月	*	*			喜阳／偏喜阴
Eupatorium perfoliatum	贯叶佩兰	北美洲	2.0m	白色	7～10月		*	*		喜阳
Eupatorium purpureum	紫苞泽兰	北美洲	2.0m	粉红色	7～9月		*	*		喜阳
Filipendula ulmaria	旋果蚊子草	欧洲	1.0m	白色	7～8月		*	*		喜阳
Filipendula rubra 'Venusta'	红花蚊子草	北美洲	2.0m	粉红色	7～9月		*	*		喜阳
Fragaria virginiana	弗州草莓	北美洲	0.2m	白色	4～6月			*	*	喜阳
Fritillaria meleagris	花格贝母	欧洲	0.2m	粉红色	4～5月			*		喜阳
Geum rivale	紫萼路边青	欧洲	0.3m	粉红色	5～6月			*		
Geum triflorum	三叶水杨梅	北美洲	0.2m	粉红色	4～6月			*	*	喜阳

草本植物

拉丁名	学名	起源地	株高	颜色	花期	水湿	潮湿	中湿	干燥	备注
Gladiolus palustris	湿地剑兰	欧洲	0.5m	粉红色	7 ～ 8 月		*	*		喜阳
Helenium autumnale	堆心菊	北美洲	1.0m	黄色	8 ～ 10 月	*	*			喜阳
Helianthus giganteus	高葵花	北美洲	2.0m	黄色	8 ～ 9 月	*	*			喜阳
Helianthus laetiflorus	美丽向日葵	北美洲	1.0m	黄色	8 ～ 9 月			*		喜阳
Helianthus mollis	毛叶向日葵	北美洲	1.0m	黄色	8 ～ 9 月			*	*	喜阳
Heliopsis helianthoides	日光葵	北美洲	1.5m	黄色	7 ～ 9 月			*	*	喜阳
Heliopsis occidentalis		北美洲	1.0m	黄色	8 ～ 9 月			*	*	喜阳
Inula magnifica		亚洲	2.0m	黄色	7 ～ 9 月		*	*		
Inula racemosa 'Sonnespeer'	总状土木香	亚洲	2.0m	黄色	7 ～ 9 月		*	*		
Iris kaempferi	花菖蒲	亚洲	0.7m	紫色	7 ～ 8 月	*	*			
Iris pseudacorus	黄菖蒲	欧洲	1.0m	黄色	6 ～ 7 月	*	*			
Iris shrevei	野鸢尾	?	0.5m	紫色	5 ～ 7 月	*	*	*		喜阳
Iris versicolor	变色鸢尾	北美洲	0.5m	蓝色	5 ～ 6 月	*	*			喜阳／偏喜阴
Leucojum aestivum	夏雪片莲	欧洲	0.5m	白色	5 ～ 6 月		*			
Liatris spicata	蛇鞭菊	北美洲	1.0m	蓝色	7 ～ 9 月		*	*		喜阳
Ligularia dentata	齿叶橐吾	亚洲	1.0m	黄色	7 ～ 8 月		*			喜阴
Ligularia przewalskii	掌叶橐吾	亚洲	1.5m	黄色	7 ～ 8 月		*			
Lobelia cardinalis	鲜红半边莲	北美洲	0.6m	红色	7 ～ 9 月	*	*			喜阳

草本植物

拉丁名	学名	起源地	株高	颜色	花期	水湿	潮湿	中湿	干燥	备注
Lobelia siphilitica	美国山梗菜	北美洲	1.0m	蓝色	8～9月	*	*			喜阳
Lychnis flos-cuculi	剪秋罗	欧洲	0.4m	粉红色	5～6月		*	*		喜阳
Lysimachia clethroides	珍珠菜	北美洲	0.8m	白色	8～9月		*	*		
Lysimachia nummularia	金叶过路黄	欧洲	0.05m	黄色	6～7月		*	*		偏喜阴
Lysimachia punctata	黄排草	欧洲	0.9m	黄色	6～7月		*	*		
Lythrum salicaria	千屈菜	欧洲	0.8m	紫色	7～8月	*	*	*		具强入侵性
Lythrum virgatum	多枝千屈菜	欧洲	1.0m	紫色	7～8月		*	*		
Matteuccia pensylvanica		北美洲	0.7m				*	*		偏喜阴
Matteuccia struthiopteris	荚果蕨	欧洲	0.7m				*	*		偏喜阴
Mentha aquatica	水薄荷	欧洲	0.5m	紫色	6～7月	*	*			喜阳
Mimulus ringens	蓝花沟酸浆	北美洲	0.5m	白色	6～9月	*	*			喜阳
Monarda didyma	美国薄荷	北美洲	1.2m	红色	7～9月		*	*		喜阳／偏喜阴
Monarda fistulosa	堇色美洲薄荷	北美洲	1.0m	紫红色	7～8月		*	*		喜阳
Myosotis palustris	勿忘我	欧洲	0.4m	蓝色	5～7月	*	*			喜阳／偏喜阴
Oenothera biennis	月见草	北美洲	1.0m	黄色	7～10月		*	*		喜阳
Osmunda cinnamomea	桂皮紫萁	北美洲	0.5m				*	*		喜阳／偏喜阴
Osmunda regalis	王紫萁	欧洲	1.5m				*	*		

草本植物

拉丁名	学名	起源地	株高	颜色	花期	水湿	潮湿	中湿	干燥	备注
Penstemon digitalis	指状钓钟柳	北美洲	1.0m	白色	5～7月		*	*		喜阳
Persicaria amplexicaule cvs	'火尾'抱茎蓼	亚洲	1.0m	红色／粉红色／白色	8～10月		*	*	*	喜阳／偏喜阴
Persicaria bistorta		欧洲	0.8m	粉红色	5～6月		*	*	*	喜阳／偏喜阴
Petalosternum purpureum		北美洲	0.5m	紫色	6～8月		*	*		喜阳
Petasites hybridus	蜂斗菜	欧洲	0.5m	粉红色	3～4月		*	*		喜阳／偏喜阴
Phlox divaricata	蓝色福禄考	北美洲	0.2m	蓝色	4～6月			*	*	喜阴
Phlox pilosa	天蓝绣球	北美洲	0.2m	粉红色	4～6月		*	*		喜阳
Physostegia virginiana	假龙头	北美洲	1.0m	粉红色	6～9月		*	*		喜阳／偏喜阴
Primula beesiana	霞红灯台报春	亚洲	0.6m	淡紫色	6月		*	*		喜阳／偏喜阴
Primula bulleyana	橘红灯台报春	亚洲	0.7m	橙色	6月		*	*		喜阳／偏喜阴
Primula florindae	巨伞钟报春	亚洲	0.6m	黄色	6月		*	*		喜阴
Primula japonica	日本报春	亚洲	0.5m	紫色	6月		*	*		喜阴
Primula vulgaris	欧报春	欧洲	0.1m	黄色	3～4月		*	*		喜阴
Pycnathemum virginianum	弗吉尼亚密花薄荷	北美洲	1.0m	白色	7～9月		*	*		喜阳／偏喜阴
Ratibida pinnata	草原黄锥菊	北美洲	1.2m	黄色	6～8月		*	*	*	喜阳
Rheum palmatum	金光菊	亚洲	2.5m	粉红色	6～7月		*	*		喜阳
Rodgersia pinnata	羽叶鬼灯檠	亚洲	0.9m	米色	7～8月	*				

草本植物

拉丁名	学名	起源地	株高	颜色	花期	水湿	潮湿	中湿	干燥	备注
Rudbeckia fulgida	全缘金光菊	北美洲	1.0m	黄色	7～10月		*	*		喜阳／偏喜阴
Rudbeckia laciniata	金光菊	北美洲	1.5m	黄色	7～9月		*	*		喜阳／偏喜阴
Rudbeckia subtomentosa	齿叶金光菊	北美洲	1.0m	黄色	8～9月			*	*	喜阳
Rudbeckia triloba	三裂叶金光菊	北美洲	1.0m	黄色	7～10月				*	喜阴
Schizostylis coccinea cvs	丝柱鸢尾	西非	0.6m	粉红色	10～11月		*	*		喜阳
Silphium laciniatum	罗盘树	北美洲	2.0m	黄色	7～9月		*	*		喜阳
Silphium perfoliatum	串叶松香草	北美洲	2.0m	黄色	7～9月			*		喜阳
Silphium terebinthin-aceum		北美洲	2.0m	黄色	7～9月			*		喜阳
Solidago gigantea	巨大一枝黄花	北美洲	1.5m	黄色	8～9月			*		喜阳
Solidago patula		北美洲	1.5m	黄色	8～10月	*	*			喜阳
Solidago ridellii		北美洲	1.0m	黄色	8～9月	*	*			喜阳
Solidago rigida		北美洲	1.0m	黄色	7～10月			*	*	喜阳
Solidago speciosa		北美洲	1.0m	黄色	7～10月			*	*	喜阳
Stellaria palustris	沼泽繁缕	北美洲	0.3m	白色	5～6月		*	*		喜阳
Symphytum caucasicum	聚合草属	欧洲	0.9m	蓝色	5～6月		*	*		喜阳／阴
Telekia speciosa	心叶牛眼菊	欧洲	2.0m	黄色	7～9月		*	*		

草本植物

拉丁名	学名	起源地	株高	颜色	花期	水湿	潮湿	中湿	干燥	备注
Thalictrum aquilegifo-lium	翼果唐松草	欧洲	0.9m	米色	5 ～ 7 月		*	*		喜阳／偏喜阴
Thalictrum pubescens		北美洲	2.0m	白色	6 ～ 7 月		*	*		喜阳／偏喜阴
Tradescantia ohiensis	俄亥俄紫露草	北美洲	1.0m	蓝色	4 ～ 7 月		*	*		喜阳
Trollius europaeus	欧洲金莲花	欧洲	0.4m	黄色	5 ～ 6 月		*	*		喜阳／偏喜阴
Verbena hastata	蓝花马鞭草	北美洲	0.6m	紫色	7 ～ 10 月	*	*			喜阳
Vernonoa fasciculata	斑鸠菊	北美洲	1.5m	紫色	7 ～ 9 月	*	*	*		喜阳
Veronica beccabunga	有柄水苦荬	欧洲	0.3m	蓝色	6 ～ 7 月	*	*			喜阳
Veronica longifolia	兔儿尾苗	欧洲	1.0m	蓝色	7 ～ 9 月	*	*	*		喜阳
Veronicastrum virginic-um	威灵仙	北美洲	1.0m	白色	6 ～ 8 月		*	*		喜阳／偏喜阴
Viola pedata		北美洲	0.1m	紫色	4 ～ 6 月		*	*	*	喜阳／阴
Zizia aurea		北美洲	1.0m	黄色	5 ～ 6 月		*	*		喜阳／偏喜阴

草种

拉丁名	学名	起源地	株高	花期	水湿	潮湿	中湿	干燥	备注
Andropogon gerardii	大须芒草	北美洲	1.5m	8～11月		*	*		喜阳
Andropogon scoparius	小须芒草	北美洲	1.0m	8～10月			*	*	喜阳
Arundo donax	芦竹	亚洲	3.0m	9月		*	*		喜阳
Deschampsia cespitosa	发草	欧洲/北美洲	1.0m	6～7月		*	*		喜阳/阴
Glyceria maxima	水甜茅	欧洲	1.0m	7月	*	*			喜阳
Glyceria occidentalis		北美洲	1.0m	7月	*	*			喜阳
Juncus effusus	灯心草	欧洲/北美洲	0.6m	6～8月	*	*			喜阳
Juncus inflexus	片髓灯心草	欧洲	0.6m	6～8月	*	*			喜阳
Miscanthus sinensis	芒	亚洲	2.0m	10～11月		*	*		喜阳/暗
Molinia caerulea	酸沼草	欧洲	0.6m			*	*		喜阳
Panicum virgatum	柳枝稷	北美洲	1.2m	8～10月			*	*	喜阳
Sorghastrum nutans	蓝钢草	北美洲	1.5m	8～10月			*	*	喜阳
Sporobolus heterolepis	草原鼠尾粟	北美洲	1.0m	9～11月			*	*	喜阳

灌木

拉丁名	学名	起源地	株高	颜色	花期	水湿	潮湿	中湿	干燥	备注
Aronia arbutifolia	红果腺肋花楸	北美洲	中型	白色	5～6月		*	*	*	
Aucuba japonica	花叶青木	亚洲	中型				*	*	*	喜阳／阴
Calycanthus floridus	美国蜡梅	北美洲	中型	紫色	4～5月			*		
Clethra alnifolia	美洲山柳	北美洲	大型	白色	8月	*	*			
Cornus alternifolia	互生叶山茱萸	北美洲	中型						*	
Cornus sanguinea	欧洲红瑞木	欧洲	中型	白色	4月	*	*	*		
Corylus americana	美国榛树	北美洲	大型						*	
Corylus avellana	扭枝欧榛	欧洲	大型				*	*		
Enkianthus campanulatus	红脉吊钟花	亚洲	大型	米色	6月		*			
Fatsia japonica	八角金盘	亚洲	大型	白色	11月		*	*	*	喜阳／阴
Frangula alnus	欧鼠李	欧洲	大型			*	*			
Hamamelis virginiana	北美金缕梅	北美洲							*	
Hydrangea quercifolna	栎叶绣球	北美洲	中型	白色	8～9月		*	*		喜阳／偏喜阴
Ilex decidua	落叶冬青	北美洲	中型	草莓红	6月		*		*	
Ilex glabra	例光冬青	北美洲	中型							
Ilex verticillata	北美冬青	北美洲	中型	草莓红	6月		*	*		
Itea virginica	弗吉尼亚鼠刺	北美洲	中型	白色	6月		*	*		
Ledum palustre	细叶杜香	北美洲／欧洲	中型			*	*			

灌木

拉丁名	学名	起源地	株高	颜色	花期	水湿	潮湿	中湿	干燥	备注
Mahonia aquifolium	冬青叶十大功劳	北美洲	小型	黄色	4 月		*	*	*	
Physocarpus opulifolius	金叶风箱果	北美洲	中型	白色	6 月			*		
Ribes nigrum	黑茶镳子	欧洲	中型	绿色	4 月	*		*		
Rubus odoratus	北美树莓	北美洲	大型	粉红色	6 ~ 7 月			*	*	
Salix caprea	黄花柳	欧洲	大型			*	*	*	*	
Salix cinerea	灰毛柳	欧洲	大型			*	*			
Salix purpurea	杞柳	欧洲	大型			*	*	*		
Salix viminalis	蒿柳	欧洲	大型			*	*			
Sambucus canadensis	美洲接骨木	北美洲	大型	白色	7 月			*	*	
Skimmia japonica	深红茵芋	亚洲	小型	白色	4 月			*	*	
Vaccinium uliginosum	笃斯越橘	北美洲	小型			*	*			
Viburnum dentatum	齿叶荚	北美洲	大型	白色	5 ~ 6 月			*		
Viburnum opulus	欧洲绣球	欧洲	中型	白色	5 ~ 6 月					

乔木

拉丁名	学名	起源地	株高	水湿	潮湿	中湿	干燥
Acer circinatum	藤槭	北美洲	小型		*	*	
Acer ginnala	茶条槭	亚洲	中型		*	*	
Acer rubrum	北美红枫	北美洲	大型			*	
Aesculus octandra	黄花七叶树	北美洲	大型			*	*
Alnus cordata	意大利赤杨	欧洲	中型		*	*	
Alnus glutinosa	欧洲桤木	欧洲	中型	*	*	*	
Alnus incana	灰桤木	欧洲	中型	*	*	*	
Alnus rubra	红桤树	北美洲	中型	*	*	*	
Alnus serrulata	塞瑞桤木	北美洲	中型	*	*		
Amelanchier spp.	康棣属植物	北美洲	中型			*	
Betula lenta	白桦	北美洲	中型			*	
Betula nigra	河桦树	北美洲	中型		*	*	*
Betula pubescens	欧洲白色桦树	欧洲	中型	*	*		
Carpinus caroliniana	美洲鹅耳枥	北美洲	中型		*	*	
Cercis canadensis	紫叶加拿大紫荆	北美洲	中型			*	*
Chionanthus virginicus	流苏树	北美洲	中型			*	
Fraxinus pennsylvanica	美国红梣	北美洲	大型		*		
Liquidambar styraciflua	北美枫香	北美洲	大型		*	*	
Nyssa sylvatica	美国多花蓝果树	北美洲	大型	*	*		
Populus tremula	欧美山杨	欧洲	中型		*		
Prunus padus	稠李	欧洲	小型		*	*	
Quercus phellos	柳叶栎	北美洲	大型			*	*
Salix alba	水杨貳	欧洲	大型		*	*	
Salix fragilis	爆竹柳	欧洲	大型	*	*		
Taxodium distichums	落羽杉	北美洲	大型	*	*	*	*

参考文献

Carter, T. and Rasmussen, T. 2005. Use of green roofs for ultra-urban stream restoration in the Georgia Piedmont (USA). In *Proceedings, Third North American Green Roof Conference: Greening Rooftops for Sustainable Cities*, Washington DC, 4–6 May 2005. Toronto: The Cardinal Group. 526–539.

City of Chicago. 2003. A Guide to Stormwater Best Management Practices: Chicago's Water Agenda. Available from http://egov.cityofchicago.org/webportal/COCWebPortal/COC_ATTACH/GuideToStormwaterBMPs.pdf Accessed 15 September 2006.

City of Portland Environmental Services. 2004. Stormwater Management Manual. Available from http://www.portlandonline.com/bes/index.cfm?c=35122 Accessed 15 September 2006.

Coffman, L. 2002. Low-impact development: an alternative stormwater management technology. In *Handbook of Water Sensitive Planning and Design*. Ed. R. L. France. Washington DC: Lewis Publishers.

Coffman, L. and Winogradoff, D. 2002. *Prince George's County Bioretention Manual*. Program and Planning Division, Dept of Environmental Resources, Prince George's County, Maryland.

Department for Transport. 2005. Road Casualties Great Britain: 2004 Annual Report. London: The Stationery Office.

Dunnett, N. and Kingsbury, N. 2003. *Planting Green Roofs and Living Walls*. Portland, Oregon: Timber Press.

Ferguson, B. 2002. Stormwater management and stormwater restoration. In *Handbook of Water Sensitive Planning and Design*. Ed. R. L. France. Washington DC: Lewis Publishers.

Federal Interagency Stream Restoration Working Group (FISRWG). 1998. Stream Corridor Restoration: Principles, Processes and Practices. USDA: Washington. Available from http://www.nrcs.usda.gov/technical/stream_restoration. Accessed 15 September 2006.

Hart, R. 1979. *Children's Experience of Place*. New York: Wiley.

Hitchmough, J. 2003. Herbaceous plant communities. In *The Dynamic Landscape: Ecology, Design and Management of Urban Naturalistic Vegetation*. Eds N. Dunnett and J. Hitchmough. London: Spon Press.

Kennedy, C. E. J. and Southwood, T. R. E. 1984. The number of species of insects associated with British trees: a re-analysis. *Journal of Animal Ecology* 53: 455–478.

Kennedy, M. 1997. The use and value of water. In *Designing Ecological Settlements*. Ed. M. Kennedy and D. Kennedy. Berlin: Dietrich Reimer Verlag.

Kohler, M., Schmidt, M., Grimme, F. W., Laar, M. and Gusmao, F. 2001. Urban water retention by green roofs in temperate and tropical climates. In *Proceedings of the 38th World Congress of the International Federation of Landscape Architects*, Singapore. Versailles: IFLA.

Liptan, T. 2002. Water gardens as stormwater infrastructure (Portland, Oregon). In *Handbook of Water Sensitive Planning and Design*. Ed. R. L. France. Washington DC: Lewis Publishers.

Littlewood, M. 2006. *Natural Swimming Ponds*. Atglen, PA: Schiffer Publishing.

Meiss, M. 1979. The climate of cities. In *Nature in Cities*. Ed. I. Laurie. Chichester: John Wiley & Sons.

Mentens, J., Raes, D. and Hermy, M. 2003. Effect of orientation on the water balance of green roofs. In *Proceedings, First North American Green Roof Conference: Greening Rooftops for Sustainable Cities*, Washington DC, May 2003. Toronto: The Cardinal Group. 363–371.

Moore, R. 1986. *Childhood's Domain: Play and Place in Child Development*. Beckenham: Croom-Helm.

Moran, A., Hunt, B. and Smith, J. 2005. Hydrologic and water quality performance from green roofs in Goldsboro and Raleigh, North Carolina. In *Proceedings, Third North American Green Roof Conference: Greening Rooftops for Sustainable Cities*, Washington DC, 4–6 May 2005. Toronto: The Cardinal Group. 512–525.

Mueller, A., France, R. and Steinitz, C. 2002. Aquifer recharge management model: evaluating the impacts of urban development on groundwater resources (Galilee, Israel). In *Handbook of Water Sensitive Planning and Design*. Ed. R. L. France. Washington DC: Lewis Publishers.

Owen, J. 1991. *The Ecology of a Garden: The First Fifteen Years*. Cambridge: Cambridge University Press.

Peck, S. P., Callaghan, C., Kuhn, M. E. and Bass, B. 1999. Greenbacks from greenroofs: Forging a new industry in Canada. Canada Mortgage and Housing Corporation.

Royal Society for the Prevention of Accidents. 2002. https://www.rospa.com/waterandleisuresafety/drownings/2002statistics.htm. Accessed 15 September 2006.

Smith, R., Warren, P. H., Thompson, K. and Gaston, K. 2005. Urban domestic gardens (VI): environmental correlates of invertebrate species richness, *Biodiversity and Conservation* online first.

Thayer, R. 1982. Public response to water-conserving landscapes. *Horticultural Science* 17: 562–565.

University of Wisconsin. 2003. *Rain Gardens: A How-to Manual for Homeowners*. Madison, WI: University of Wisconsin Extension Publications.

Wilkinson, D. M. 2001. Is local provenance important in habitat creation? *Journal of Applied Ecology* 38: 1371–1373.

Williams, P., Biggs, J., Corfield, A., Fox, G., Walker, D. and Whitfield, M. 1997. Designing new ponds for wildlife. *British Wildlife* 8: 137–150.